TEMPERATURE

하루 한 권, 생활 속 열 과학

다케노부 지음

김현정 옮김

일상을 따뜻하게 만드는 작은 불씨, 온도의 미스터리

가지카와 다케노부(梶川武信)

1942년 도쿄 출생. 나고야 대학 대학원에서 공학 연구과를 수료하였으며, 에너지 변환 공학이 전문 분야인 공학 박사이다. 통상산업성(현 경제산업성) 전자기술 종합연구소(현 독립행정법인 산업기술 종합연구소)를 거쳐 쇼난 공대까지 42년간 열전발전 등 신발전 기술을 연구 · 개발하고 대학에서 학생들을 가르쳤다. 현재는 쇼난 공대 명예교수이며, 저서로는 『「再生可能エネルギー」のキホン '재생에너지'의 기초』〈SBクリエイティブ〉, 『エネルギー工学入門 에너지공학 입문』〈裳華房〉, 『海洋エネルギー読本 해양에너지 독본』〈オーム社〉, 『熱電学総論 열전학 총론』〈S&T出版〉 등이 있다.

히트

들어가며

열은 공기, 물, 중력처럼 어디에나 있는 존재이며, 우리가 매일 먹는 음식을 포함하여 주위 모든 것과 관련 있습니다.

우리는 체온이 겨우 1~2도만 올라도 몸에 이상을 느끼고, 날씨가 바뀌면 추위나 더위에 대비합니다. 요리할 때 물 온도가 평소와 조금만 달라도 음식의 맛이 없어지며, 목욕할 때 물 온도가 맞지 않으면 만족도도 떨어집니다.

'열이란 대체 무엇일까'라는 궁금증을 계기로 이 책을 쓰게 되었습니다.

열은 보이지도 않으면서 다양한 물질에 작용하여 변화를 일으키는 신비로운 존재입니다. 이러한 시선에서 보면 열은 어디에서 나오는지, 어떻게 물질의 형태나 작용에 영향을 주는지, 물질과 물질 사이를 어떻게 이동하는지 등 의문이 끊이지 않습니다.

인류가 살아남아 문명을 만들 수 있었던 열쇠는 불을 이용한 열의 활용에 있었습니다. 그리고 컴퓨터와 스마트폰으로 대표되는 고도 정보화사회로 발전한 지금, IT나 전자 공학을 뒷받침하는 것도 실은 열 기술입니다.

모든 곳에서 숨은 조력자 역할을 하는 열의 분야별 미스터리를 쉽게 풀어내고 싶어서 이 책의 내용을 구성하게 되었습니다. 주요 테마는 우리의 일상생활과 관련된 열입니다.

제1장에서는 열의 기본인 온도와 우리 주변의 사소한 의문점에 대해, 제2장과 제3장에서는 의식주와 열의 관계에 대해 다루었습니다. 특히 일상적으로 열을 다루는 주방 주변은 사례가 많아서 조리와 냉장을 중심으로 구성했습니다. 그리고 제4장에서는 열에너지에 의해 유지되는 생물로서의 인간, 그리고 엄격한 자연환경과 싸우는 동식물이 열에 적응하는 방식에 대해

살펴보았습니다. 제5장에서는 시선을 돌려 공업 제품 제조에 관련된 열과 그 이외 에너지원으로부터 열을 만드는 구조 등을 소개했습니다. 이 중에는 현재 연구가 진행되고 있어 여러분이 아직 들어본 적 없는 기술도 포함되어 있습니다. 마지막 제6장에서는 열의 기원인 우주로 시야를 넓혀보았습니다.

이 책에서는 각각의 열을 어느 정도인지 이해하기 쉽도록 숫자로 표현했으며, 숫자를 나타내는 별도의 식 없이 비례 혹은 반비례한다고 설명했습니다. 또 몇 가지 예외는 있지만 'OO의 법칙' 같은 표현은 최대한 사용하지 않았습니다. 이러한 발견은 위대한 업적이긴 하지만, 일상생활 속에서 열을 사용할 때마다 알아야 할 필요는 없습니다. 예를 들어 에너지 보존의 법칙은 에너지를 다룰 때 가장 중요한 법칙이지만, 법칙의 이름보다는 '에너지는 어떤 형태로 바뀌든 없어지지 않는다'라는 내용이 더 중요하기 때문입니다.

일상생활에서 일어나는 다양한 열 현상이 열의 한 가지 성질에서만 비롯되는 경우는 드뭅니다. 대부분 열의 다양한 성질이 복합적으로 상호작용하여 나타납니다.

이 책을 읽고 우리 주변의 열에 관심을 가지게 되면 일상생활 속 열에너지를 더 효율적으로 활용할 수 있을 것입니다. 또한 새로운 의문이 생겼을 때 이 책을 펼쳐보면 더 많은 정보를 얻을 수 있을 것입니다.

가지카와 다케노부

목차

제3장 주방에서 활용하기 좋은 열 사용법

제4장 인간 · 동식물과 열의 관계

제5장 제조 산업에 이용되는 열

제6장 우주와 열의 이야기

열의 기초와 사소한 의문

우리에게 익숙한 '온도'가 정해진 배경과
우리 생활 속 열의 다양한 작용에 대해 알아봅시다

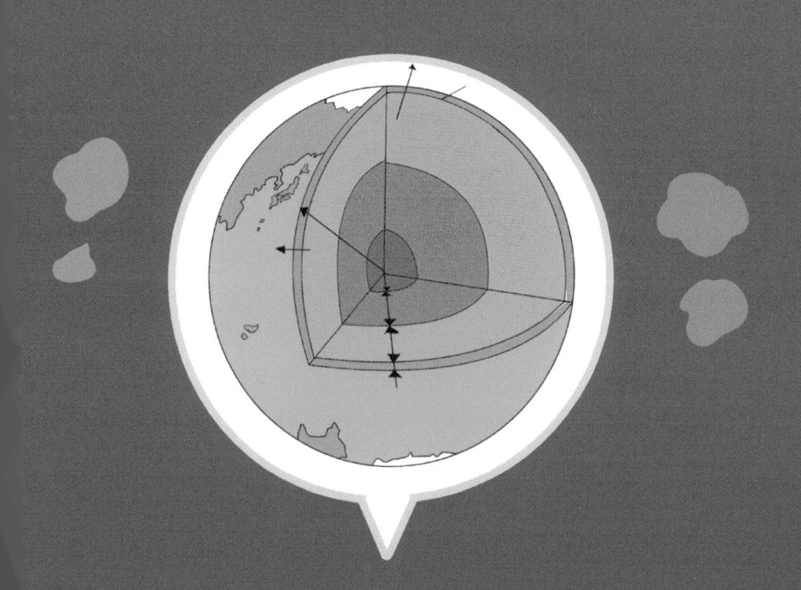

1-1 온도는 어떻게 결정되었을까?

온도는 '뜨겁다 · 차갑다' 또는 '덥다 · 춥다'와 같은 열의 세기를 수치로 나타낸 것입니다. 온도를 표시하기 위해서는 전 세계적으로 누구나 알기 쉬운 공통된 기준이 필요했고, 그중 하나가 셀시우스도(°C · 섭씨온도)입니다.

온도의 단위를 정한 척도는, 기준점이 되는 두 상태를 정한 다음 그 두 점 사이를 같은 간격으로 나눈 것입니다. 지구 한 바퀴를 4만 킬로미터(km)로 정한 다음 길이의 단위인 미터(m)를 정한 원리와 같습니다.

섭씨온도의 기준점은 물의 성질과 열의 관계를 토대로 정해졌습니다. 기준점 중 하나는 물이 얼 때로, 누구나 알 수 있는 상태입니다. 구체적으로는 '0°C : 1기압(1,013hPa)에서 물과 얼음과 수증기가 존재할 때 열의 세기(물의 녹는점)'로 정의됩니다. 또 다른 기준점은 물이 수증기가 될 때로 역시 누구나 눈으로 확인할 수 있는 명확한 상태입니다. 이 기준점은 '100°C : 1기압에서 물과 수증기만 존재할 때 열의 세기(물의 끓는점)'로 정의됩니다. 이 두 기준점 사이를 100등분 한 뒤 한 눈금을 1°C로 정했습니다.

온도에 상한은 없지만 하한은 있습니다. 하한은 물질에 포함된 에너지가 전혀 없는 상태인데 이때의 온도를 절대온도라고 하며 이를 기준점 0으로 한 온도 단위가 K(켈빈)입니다. 절대온도 0K는 섭씨온도로 −273.15°C이며, 온도의 눈금 폭은 섭씨온도와 같아서 K에 273.15를 더하면 섭씨온도가 됩니다.

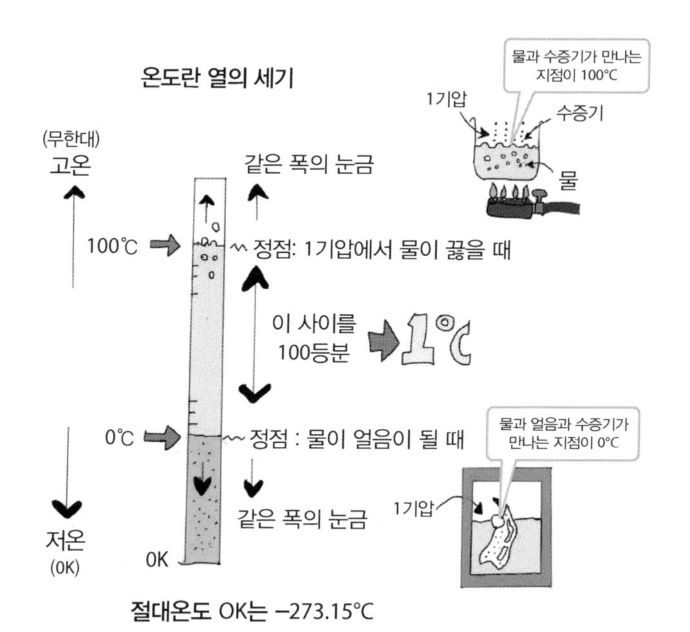

그림. 온도는 열의 세기를 나타내는 기준으로, 물의 끓는점과 녹는점 사이를 100등분 하여 1℃가 정해졌습니다. 절대온도 0(K)은 온도의 하한으로 상한은 없습니다. 물질의 성질과 온도의 관계를 숫자로 나타내는 것은 지동설로 유명한 갈릴레오 갈릴레이의 아이디어였습니다.

MEMO

섭씨온도, 절대온도 외에 화씨온도(℉ · 파렌하이트도)도 있습니다. 화씨온도는 물의 녹는점을 32(℉), 끓는점을 212(℉)로 정하고 그사이를 180등분으로 나눈 온도 단위입니다.

1-2 태양열은 지구에 어떻게 도달할까?

태양열은 전자파(전파라고도 함) 형태로 지구에 도달합니다. 전자파는 진공 상태에서는 에너지 손실 없이 빛의 속도(초속 약 30만 km)로 이동합니다.

그럼 열이 어떻게 전자파가 되는 걸까요? 모든 물질은 분자와 원자, 전기를 띠는 입자(이온이나 전자 등의 하전 입자)로 구성되어 있습니다. 이 입자는 열에너지를 받으면 모든 방향을 향해 불규칙적으로 움직입니다. 하전 입자가 움직이는 순간 그곳에는 전계(電界)가 형성되는데, 이 전계에 의해 자계(磁界)가 만들어지고 이 자계에 의해 전계가 만들어집니다. 이렇게 해서 전자파는 광속으로 모든 방향을 향해 뻗어나갑니다.

물질은 열의 세기에 따라 다양한 파장의 전자파를 내보내기 때문에, 열에너지가 있는 한 물질은 계속해서 전자파를 방사합니다. 이를 열에 의해 전자가 방사된다고 해서 열방사라고 부르며, 모든 방향으로 방사한다는 의미에서 복사 전열이라고도 합니다.

태양은 표면의 대기층이 약 6,000~8,000K(켈빈), 중심이 약 1,500만K에 이르는 초고온의 열 덩어리입니다. 이 때문에 자외선, 가시광선, 적외선으로 불리는 전자파를 모든 방향을 향해 광속으로 방사하며 그 일부는 지구에 도달합니다. 전자파가 물질에 닿으면 일부는 반사되거나 투과하고 나머지는 흡수되어 열로 바뀝니다. 그래서 태양으로부터 에너지를 받은 지구의 대기나 지표면이 따뜻해지는 것입니다.

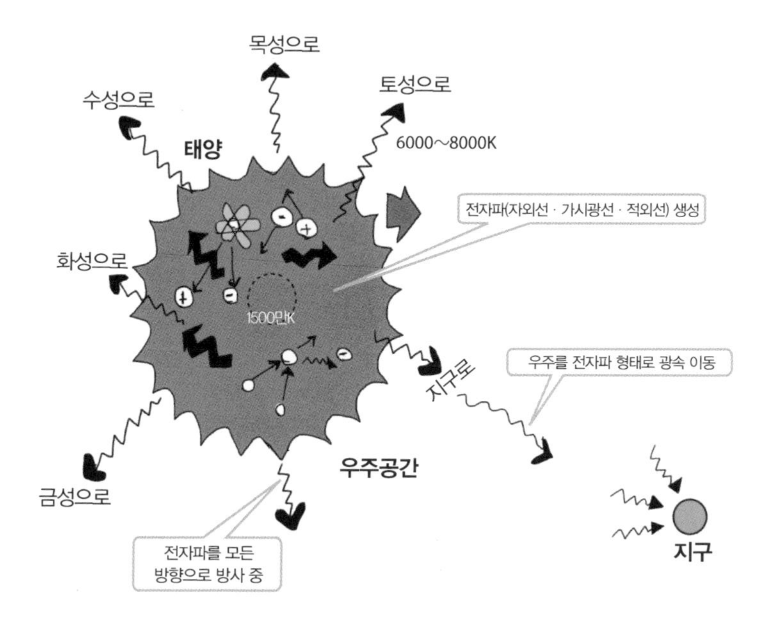

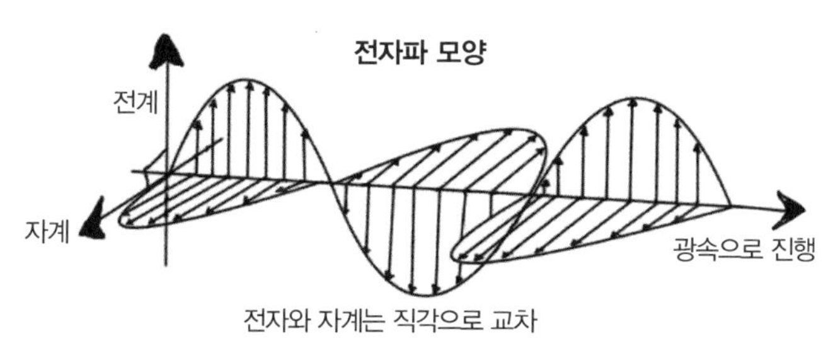

그림. 고온의 태양열이 전자파가 되어 진공 상태인 우주 공간을 광속으로 통과해 지구에 도달합니다. 단 태양과 지구는 1억 5000만 km나 떨어져 있어서 광속이라 하더라도 지구에 도달하는 데는 8분이나 걸립니다. 우리는 언제나 8분 전의 태양열을 쬐고 있는 것입니다.

1-3 북극과 남극은 왜 추울까?

지구의 기후는 태양 에너지로 결정됩니다. 북극이나 남극이 추운 이유는 극지방에 도달하는 태양 에너지가 적기 때문입니다.

어째서일까요? 약 1억 5,000만 km 떨어진 곳에서 오는 태양 에너지는 거의 평행하게 직진해서 지구에 도달합니다. 에너지를 받는 면이 직진해온 태양광과 수직을 이루면 태양 에너지를 100% 받을 수 있습니다. 적도 바로 아래 부근이 그렇습니다.

그런데 위도가 높아지면 에너지를 받는 면이 점점 기울어져서 받을 수 있는 태양 에너지가 줄어듭니다. 지면이 태양광과 거의 평행을 이루면 태양광의 대부분이 그냥 통과해 극히 일부의 에너지만 받게 됩니다. 지구는 거의 구형 모양으로 자전하기 때문에, 북극이나 남극의 극점에서는 받을 수 있는 태양 에너지가 이론상으로 0이 됩니다. 다만 지구의 자전축은 극점에서 조금 어긋나 23.4° 기울어져 있어서 남극과 북극도 극히 소량의 태양 에너지를 받고 있습니다.

지표면에서 50km 상공의 대기권 밖에서는 1m²당 1.37kW의 태양 에너지를 받습니다. 그런데 태양광이 대기권을 통과하는 과정에서 일부가 반사되기 때문에 지표면에서 직접 받을 수 있는 태양 에너지는 약 1kW/m²입니다.

이를 기준으로 위도 80°(극지방)까지 기울었을 때 받을 수 있는 에너지의 양을 계산해 보면 6분의 1로 줄어듭니다.

극지방의 경우 태양광이 통과하는 대기의 두께도 두꺼워서 흡수되는 양이 많아 지표면에서 받을 수 있는 태양 에너지는 더욱 줄어들게 됩니다.

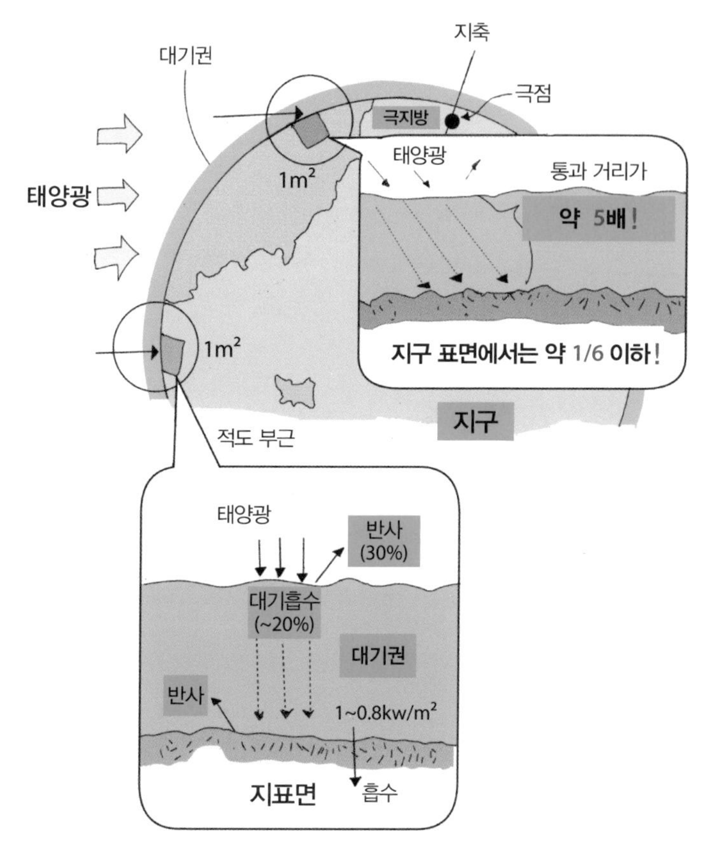

그림. 지구에는 $1m^2$당 1.37kW의 태양 에너지가 쏟아집니다. 이 태양 에너지는 대기권으로 들어올 때 약 30%가 우주로 반사되고 대기에도 흡수되어 1~0.8kW/m^2 정도가 지표면에 도달합니다. 극지방에서는 기울어진 상태에서 태양광을 받기 때문에 대기권을 통과하는 거리가 약 5배 늘어나고, 지표면 $1m^2$당 받는 에너지는 6분의 1 이하로 줄어들게 됩니다. 이 때문에 지표면은 따뜻하지 않고 바다는 얼어서 추워지는 것입니다.

1-4 지구의 열은 어디에서 생기는 걸까?

지구는 반지름이 약 6,370km인 구형으로 적도 한 바퀴 거리가 약 4만 km에 이릅니다. 지표면에서 5~60km까지는 지각이라고 부릅니다. 이 지각 내부에서는 방사성 원소인 우라늄, 토륨, 칼륨(방사성 동위원소)의 원자핵이 부서지면서 다른 물질로 바뀌고, 이때 발생하는 핵 붕괴열에 의해 약 11조(11×10^{12}) W(와트)의 열이 만들어집니다.

지각 아래 2,830~2,885km 깊이에는 상부 맨틀, 천이층, 하부 맨틀이 있으며 철과 마그네슘, 규소의 산화물을 주성분으로 하는 암석층이 형성되어 있습니다. 여기에서도 지각과 마찬가지로 핵붕괴가 진행되어 약 10조 W의 열이 만들어집니다. 맨틀은 고체로 된 암석이지만, 수만 년 단위로 보면 유동적인 움직임으로 인해 조금씩 위치가 바뀝니다.

하부 맨틀 아래로는 두께 2,210km의 외핵이 이어집니다. 외핵에서는 무거운 금속인 철, 니켈, 동이 반지름 1,270km인 지구 중심의 내핵을 향해 침강하는데, 이때 약 23.2조 W의 마찰열이 발생하는 것으로 알려져 있습니다. 내핵은 압력이 약 364만 기압으로 추정되며 고체인 철합금으로 이루어져 있습니다.

이 모두를 합산하면 약 44.2조 W(35조 W라는 설도 있음)나 되는 열이 지구의 내부에서 만들어지는 것입니다. 지구가 항상 이 상태를 유지하기 때문에, 이만큼의 열이 지구에서 우주로 방사됩니다.

지구는 약 45.5억 년 전에 탄생했는데, 처음 생겼을 때는 반감기 7.07억 년의 우라늄235가 모든 우라늄의 20%를 차지하여 그 핵 붕괴열로 지구의 열이 유지되었습니다. 지금은 반감기가 무려 44.7억 년에 이르는 우라늄238

이 방사성 동위원소의 핵 붕괴열 중 25%를 차지하고 있으며, 또 다른 동위원소인 토륨232는 반감기가 140억 년으로 거의 우주의 나이와 맞먹는 기간이라 지구가 식을 일은 없을 예정입니다.

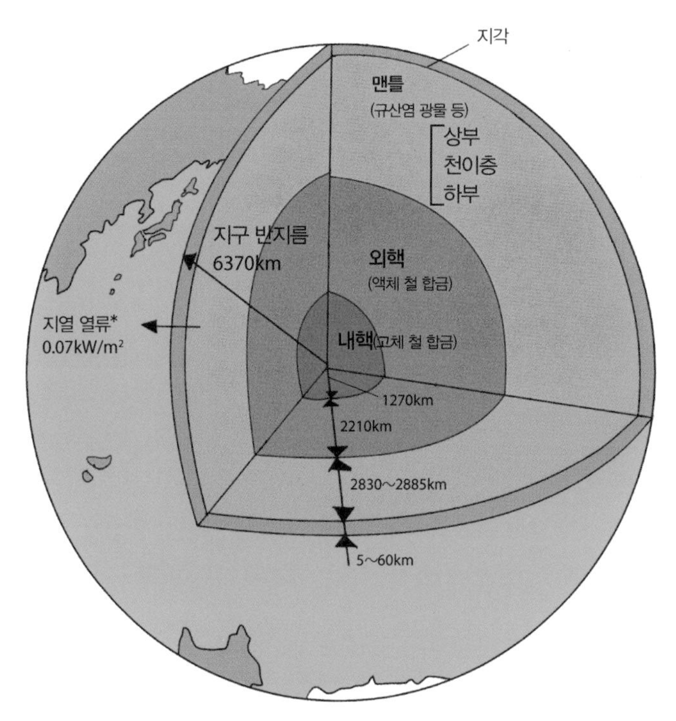

그림. 지구는 약 45.5억 년 전에 철과 니켈 합금 및 규산과 금속 산화물의 화합물로 이루어진 운석 집단(미행성)의 집합체로 탄생했지만, '마그마 바다'라고 불리던 초기에는 1억 년에 걸쳐 천천히 냉각되다 중금속 화합물이 점점 침강해 중심에서 모이면서 각각의 층으로 나뉘었습니다.

*열류: 고온에서 저온으로 흐르는 열의 흐름

1-5 온천은 빗물일까, 바닷물일까?

지각과 지열의 작용에 의해 생기는 온천수는 효용 가치가 높은 고온의 무산소수無酸素水입니다. 화산과 가까운 장소에서는 보통 빗물이, 화산이 없는 장소에서는 바닷물이 온천수가 됩니다. 단, 온천수로 지정되려면 땅속에서 솟아 나온 25℃ 이상의 물이거나 지정된 여섯 가지 성분 중 하나가 일정량 이상 함유되어 있어야 합니다(일본 기준).

일본에서 흔히 볼 수 있는, 화산과 가까운 장소의 온천수는 땅에 떨어진 빗물이 지하에서 오랜 기간 여행하다 다시 지표면으로 흘러나온 것입니다. 빗물은 작은 돌 사이나 바위틈, 지각 변동에 의한 단층이나 균열을 따라 땅속으로 스며드는데 그 깊이는 1,000m에서 수 km에 달하며, 스펀지 상태의 암반층에 고이게 됩니다.

수십 km에서 수 km 깊이에 있는 800~1,200℃의 마그마 굄의 열이 이 암반을 뜨겁게 달구면, 암반에 고인 빗물은 수만 기압의 압력에서 250℃ 정도의 무산소 열수로 바뀌게 됩니다. 뜨겁게 데워진 열수는 가벼워지면서 부력에 의해 지표면으로 상승합니다. 이렇게 만들어진 온천은 애당초 빗물이었기 때문에 마를 일이 없습니다.

근처에 화산이 없는 곳에서는 먼 옛날 땅속 깊이 갇혀 있던 화석 해수가 땅속의 열로 데워져 온천수로 변합니다. 지구의 체온이라고 할 수 있는 지온은, 지표면에서 100m씩 내려갈 때마다 지구의 중심부에서 나오는 열로 약 3℃(도쿄에서는 2.3℃)씩 상승합니다. 또 해양 플레이트가 이동하는 대규모 지각 변동이 일어나면 지하 해수가 탈 산소화하여 고온의 온천수가 되기도 하는데 효고현의 아리마 온천이 이렇게 만들어졌습니다.

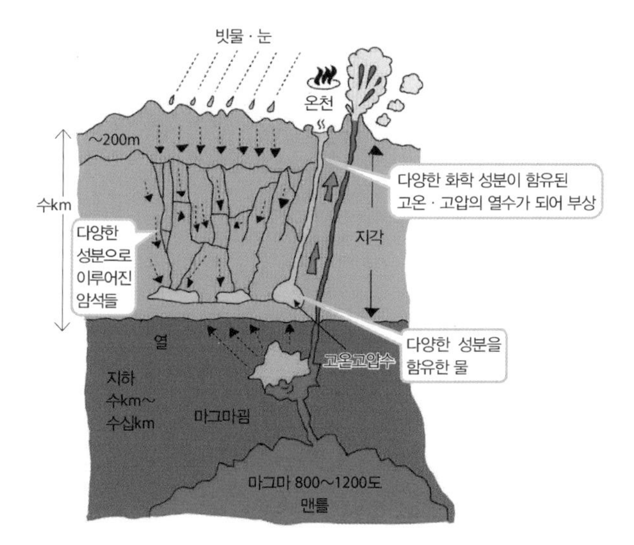

그림 1. 땅속으로 흘러간 빗물은 지각 암석의 균열을 지나 마그마의 열을 받아 높은 압력에 의해 고온의 무산소 열수가 됩니다. 이것이 부력에 의해 지표면으로 상승하면 온천이 되는 것입니다.

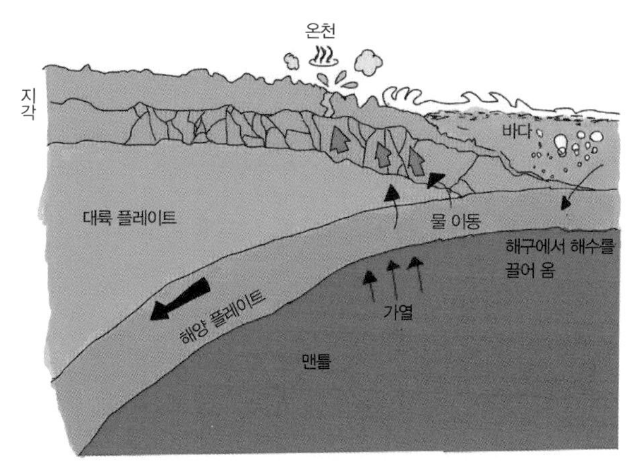

그림 2. 화산이 없는 곳에서는, 해양 플레이트의 이동으로 땅속으로 들어갔던 바닷물이 화석 해수가 되어 화학 반응이나 주위의 열에 의해 고온·고압의 무산소 열수가 됩니다. 이것이 부력에 의해 근처의 균열이나 단층을 통해 올라와 온천으로 뿜어져 나옵니다.

1-6 대기의 열과 번개의 관계

대기의 열은 10억 볼트(V)의 번개를 만듭니다. 대기의 움직임은 기압 차에 의해 만들어집니다. 온도가 다른 두 공기층이 부딪치면, 상대적으로 가벼운 따뜻한 공기가 차가운 공기 위쪽으로 이동해 상승기류가 됩니다. 번개가 만들어지는 적란운에서는 이러한 과정이 초속 10m 속도로 발생하는데, 이때 상승한 공기는 팽창하며 온도가 -20~-40℃ 정도까지 내려갑니다.

그리고 상승기류 안에서는 지름 0.01mm 정도 되는 작은 얼음 입자, 즉 구름이 만들어집니다. 이 작은 얼음 입자가 100만 개 정도 모이면 지름 1mm의 얼음 입자가 되고, 이렇게 성장한 얼음 입자는 중력에 의해 아래로 떨어지다가 비나 눈이 됩니다.

공기는 전기가 통하지 않는 절연물입니다. 또 불순물이 섞여 있지 않은 물도 전기가 통하지 않는 절연물입니다. 하지만 작은 얼음 입자는 표면에 플러스 또는 마이너스 전기가 쉽게 축적되는 성질이 있습니다. 1cm 두께의 공기 사이에 3만 V 이상의 전압이 가해지면 절연 상태가 무너지면서 전기가 흐르게 되고 이것이 구름 속에서나 구름과 지표면 사이에서 일어날 때 번개가 발생합니다.

이렇게 높은 전압은 구름 속 상승기류와 얼음 입자의 운동으로 만들어집니다. 구름 속에서 작은 얼음 결정은 상승하지만 큰 입자로 성장한 얼음덩어리는 하강합니다. 이 두 흐름이 교차하며 절연물을 서로 비빈 것처럼 마찰력이 발생하고, 이에 의해 전기가 플러스와 마이너스로 나뉩니다. 이것이 정전기(마찰전기)입니다. 상승하는 작은 얼음 표면은 플러스, 하강하는 큰 얼음덩어리 표면은 마이너스 전기를 띱니다. 이렇게 적란운 내부에서 각각의 얼음이 플러스와 마이너스 전기를 띨 때 전압이 10억V에 달한다고 합니다. 마이너스 전기를 띠는 구름이 지표면에 가까워지면 지표면에는 플러스 전기가 모이게 됩니다. 이때 번개는 주로 끝이 뾰족한 금속이나 나무처럼 높은 곳으로 떨어지게 됩니다.

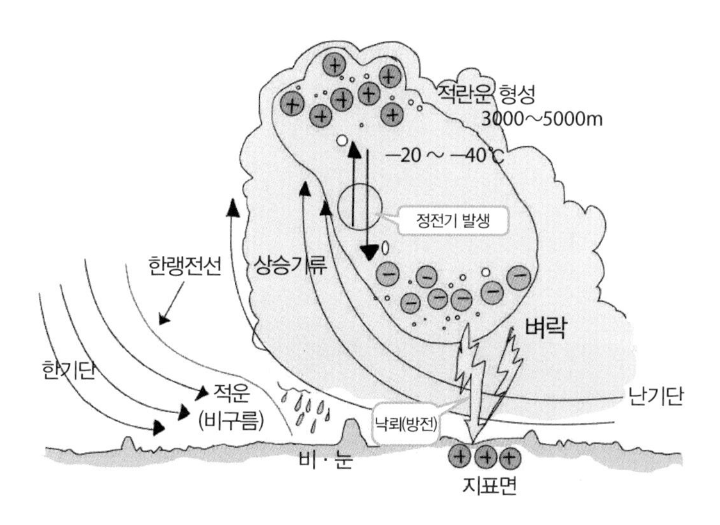

그림. 태양이나 해양에서 데워진 공기 덩어리의 난기단은 상승기류가 되어 작은 얼음 입자를 만들면서 고도 3,000~5,000m에 도달합니다. 성장해서 커진 얼음 입자는 하강하면서 상승기류와 만나는데 이때 서로 부딪쳐서 정전기가 발생합니다. 적란운 안에서 상·하부가 각각 플러스와 마이너스로 나뉘는데 이것이 번개의 시작입니다. 번개는 구름 속이나 옆에 있는 다른 구름과 전기를 결합해 빛을 발하면서 천둥소리를 냅니다. 지표면에 플러스 전기가 유도되면 그 플러스 전기를 향해 마이너스 전기 덩어리가 떨어지는데 이것이 낙뢰입니다. 일본에서 낙뢰가 가장 많이 발생하는 장소로는 이시카와현의 가나자와시로 알려져 있습니다.

1-7 후지산 정상에서 밥을 지을 수 있을까?

후지산 정상에서는 지상과 같은 방법으로는 제대로 밥을 지을 수 없습니다. 기온이 지상보다 24℃ 이상 낮은 데다 기압도 지상의 63% 정도밖에 되지 않기 때문입니다.

후지산은 해발 3,776m로 일본에서 제일 높은 산입니다. 대기의 기온은 지상 11km 상공까지 100m마다 0.65℃씩 낮아지기 때문에 후지산 정상은 지상보다 24.5℃ 정도 낮습니다. 따라서 지상이 30℃인 여름에도 후지산 정상은 5℃ 정도로 꽤 춥습니다.

지구의 기압은 $1cm^2$ 넓이의 물체에 가해지는 공기의 무게를 말합니다. 지표면에서는 그 무게가 1.03kg이나 되는데 해발고도가 높아지면 높아질수록 공기가 줄어 넓이 $1cm^2$에 가해지는 무게가 가벼워집니다. 즉 기압이 바뀌는 것입니다. 이런 원리로 인해 3,776m 높이인 후지산 정상의 기압은 0.63 기압(638hPa)[*] 정도입니다. 지상과 비교하면 상당히 낮은 기압이기 때문에 두통이나 현기증 등을 유발하는 고산병에 걸리지 않도록 주의해야 합니다.

물이 끓는 온도(끓는점)가 100℃라는 것은 널리 알려진 사실이지만, 여기에는 1기압이라는 전제 조건이 붙습니다. 물의 끓는점은 기압에 따라 달라집니다. 모든 물질의 끓는 점은 압력의 영향을 받아 변화하지만, 크기나 변화의 양상은 물질에 따라 다릅니다.

후지산 정상은 0.63 기압이라서 물의 끓는점이 88.6℃까지 내려갑니다. 쌀이 충분한 찰기를 가진 맛있는 밥을 지으려면 98℃ 이상의 온도가 일정 시간 동안 유지되어야 합니다. 그런데 밥을 짓는 물이 88.6℃에서 끓어버리면 쌀의 온도를 그 이상 높일 수가 없고, 따라서 맛있는 밥을 지을 수 없습니다. 후지산 정상에서 맛있는 밥을 지으려면 1기압 이상을 유지할 수 있는 압력밥솥이 필요합니다.

세계에서 가장 높은 히말라야산맥의 에베레스트는 해발 8,848m라서 기온이 지상에 비해 약 57℃나 낮고 기압 역시 0.31 기압까지 내려갑니다. 그 환경이 얼마나 가혹할지는 충분히 상상할 수 있을 것입니다.

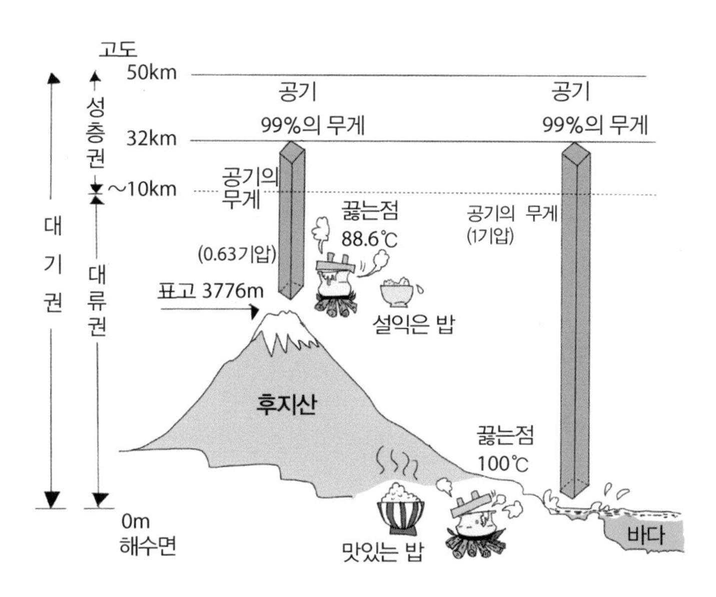

그림. 해발 0m에서 성층권 끝까지의 공기 무게가 1기압입니다. 해발 32km부터는 무게가 99%로 줄기 때문에 이 높이를 기준으로 삼고 있습니다. 후지산 정상은 0.63 기압입니다. 밥을 지으려면 쌀을 98℃ 이상에서 익혀야 하는데 후지산 정상에서는 88.6℃에서 물이 끓기 때문에 맛있는 밥을 지을 수가 없습니다.

1-8 온실효과의 비밀

온실효과란 지구의 표면에서 방출되는 열을, 대기 중의 탄산가스(CO_2 : 이산화탄소)나 수증기 등의 가스가 흡수하여 가둬 놓는 것입니다. 지구는 온실효과라는 고성능 셔츠를 입은 행성이라고 할 수 있습니다.

태양에서 자외선, 가시광선, 적외선 등으로 불리는 여러 파장을 지닌 전자파가 지구로 들어옵니다. 지표면과 가까운 곳의 대기는 질소 78.08%, 산소 20.94%, 아르곤 0.93%, 이산화탄소 0.038%와 그 외 미량의 가스와 수증기로 구성되어 있습니다. 태양에서 오는 에너지 중 자외선처럼 유해하고 강한 에너지는 대기의 외측(약 10~50km의 성층권)에서 산소를 분해하여 오존을 만들고, 그 오존은 더 많은 자외선을 흡수합니다. 지구는 이 오존층으로 둘러싸여 안전하게 보호받습니다.

태양 에너지에서 오는 가시광선이나 적외선 중 일부는 대기에서 흡수되지만, 대부분이 지표면에 도달합니다. 그리고 지구에서 사용된 모든 에너지는 최종적으로 열이 되는데 일부는 공기 중의 이산화탄소나 수증기 등에 흡수되고 나머지는 우주로 방출됩니다. 우리가 살고 있는 환경의 에너지는 이런 식으로 균형을 유지합니다.

지구에 대기나 바다가 없었다면 평균 온도는 -19~-20℃였겠지만, 방출된 열의 일부가 대기 중에서 흡수되는 온실효과에 의해 평균 온도 14~15℃를 유지하고 있습니다. 그런데 인구가 증가함에 따라 인류가 사용하는 에너지양이 늘어, 최근 100년간 연료를 태우면서 나오는 이산화탄소가 급격히 증가했습니다. 이로 인해 온실효과가 심각해져 지구 대기의 열 균형이 무너지고 있고, 이를 우려하는 목소리도 높아지고 있습니다. 이것이 바로 지구

온난화 문제로, 이를 해결하기 위해서는 불필요한 에너지 낭비를 줄이는 것이 중요합니다.

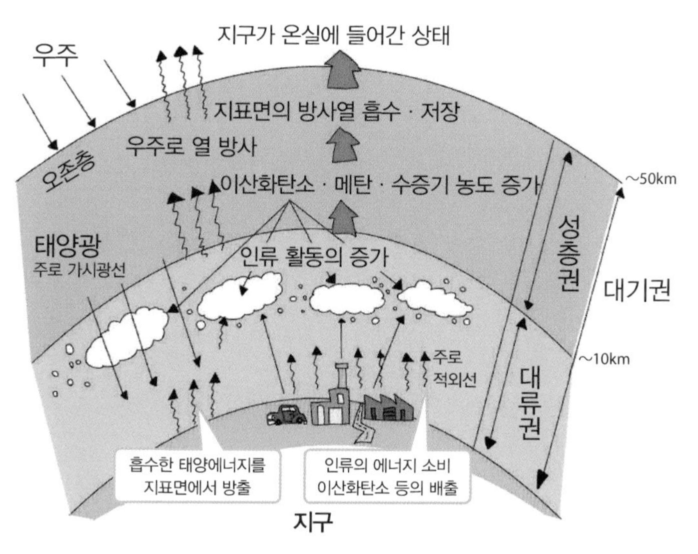

그림. 지구상의 열에는 태양광으로부터 들어오는 열 이외에도 산업 활동에서 석유, 석탄, 천연가스 등을 태운 열이 포함되어 있습니다. 연료는 탄소와 수소의 화합물이라서 이 화합물을 태우면 이산화탄소가 발생합니다. 이처럼 온실효과를 초래하는 가스의 농도 상승이 지구의 열 균형에 영향을 미쳐 기후 변화를 일으키는 것으로 알려져 있습니다.

1-9 열섬 현상이란?

열섬(히트아일랜드) 현상이란, 사람이 많이 거주하는 도심이나 공장 등 높은 건물이 모여 있는 곳의 기온이 1년 내내 주변보다 높아, 마치 발열 중인 히터와 같은 상태가 되는 것을 의미합니다. 이때 주변 지역과의 온도 차이는 2~3℃ 정도입니다. 이 온도차가 도시 주변의 기상에 영향을 미쳐 여름에는 열사병이 증가하고 밤중 불쾌지수가 상승하며 냉방에 의한 전력 소비도 증가합니다. 겨울은 따뜻해서 난방비가 줄지만, 기후가 불안정해집니다.

열섬 현상이 발생하는 원인으로는 다음 세 가지를 들 수 있습니다. 바로 지표면의 도로와 건물의 표면, 그리고 산업 현장과 일상생활에서 나오는 폐열입니다.

아스팔트나 콘크리트로 된 도로는 열을 흡수하여 저장합니다. 전자파는 바다의 파도처럼 물결 형태를 반복하면서 나아가는데, 파도의 고점에서 다음 고점(또는 저점에서 다음 저점) 사이의 수평 거리를 파장이라고 합니다. 그리고 이 파장이 1초 동안 몇 회 반복되었는지를 나타낸 것이 주파수입니다.

건물 또한 콘크리트로 만들어진 데다 밀집해 있어서 도로와 마찬가지로 열을 흡수, 저장하고 바람의 힘을 약화합니다. 이 때문에 지표면 근처에 뜨거운 공기가 쉽게 쌓이게 됩니다.

거리를 달리는 자동차의 배기열, 공장에서 나오는 폐열, 건물이나 가정에서 사용하는 냉방 장치에서 나오는 폐열 등도 열섬 현상의 원인입니다. 영향을 미치는 비율로 보자면 비교적 적은 편이지만 무시할 수 없는 수준입니다.

주변보다 3℃ 높고 습도가 50%인 공기에서는 1m^{2}에 두께 1m당 약 13g

의 부력이 생성되어 뜨거운 공기의 상승기류가 발생합니다. 이 상승기류로 인해 상공의 공기가 흐트러지고 기상이 불안정해집니다.

열섬 현상을 완화하기 위해서는 거리에 녹지를 조성하고, 건물의 표면, 도로의 재료에 대한 고민과 함께 폐열을 줄이는 신기술 개발에 힘써야 합니다.

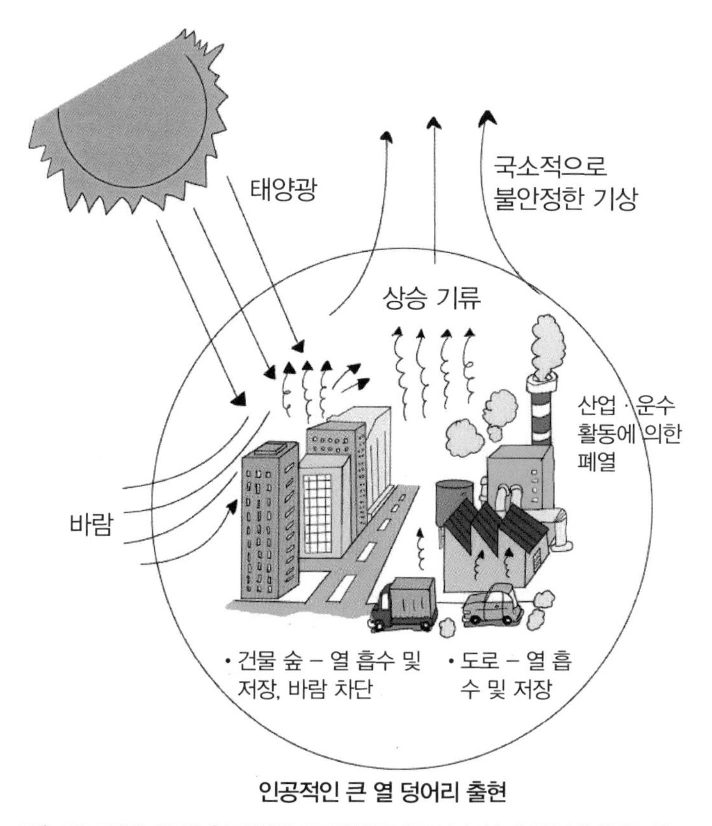

인공적인 큰 열 덩어리 출현

그림. 도로나 건물은 태양광을 흡수하면 열로 저장하여 밤에도 온도가 높습니다. 대부분의 높은 건물은 바람을 차단하여 공기의 흐름에 영향을 줍니다. 공장이나 자동차, 에어컨은 열을 내뿜고 이 열로 데워진 공기는 가벼워져서 상승하는데, 이는 국소적으로 기상을 불안정하게 만드는 원인이 됩니다. 이러한 이유로 도심은 열섬(히트 아일랜드) 상태가 되는 것입니다.

1-10 해풍은 왜 일어날까?

바다에서 불어오는 시원한 해풍은 바다와 육지의 열 저장 방식(열용량) 차이에 의해 발생합니다.

일본은 바다에 둘러싸여 많은 혜택을 누리고 있는데 해풍도 그중 하나입니다. 바다와 가까운 지방은 한여름 무더운 날에도 바다에서 시원한 바람이 불어와 기후가 쾌적합니다.

태양 에너지는 육지와 바다에 똑같이 내리쬐지만 육지는 흙이나 숲, 콘크리트로 이루어져 있고 바다는 물로 되어 있다는 차이가 있습니다. 물질은 종류에 따라 열을 저장할 수 있는 양이 다른데, 이것을 열용량 크기의 차이라고 합니다. 열용량은 1kg의 물질을 1℃ 올리는 데 필요한 에너지의 크기(비열比熱)와 무게로 결정됩니다. 흙과 콘크리트로 이루어진 육지와 해수로 된 바다의 열용량 비율은 약 1 : 3입니다. 즉 육지는 바다보다 열용량이 작아서 온도가 쉽게 오르거나 식는 것입니다.

한여름의 도로는 온도가 50℃ 이상 올라 그 위의 공기 온도도 40℃ 이상으로 높아집니다. 열로 달궈진 공기는 가벼워져서 상승하고 상공에서 차가워지면 저기압을 형성합니다. 이러한 이유로 바다에서 육지로 바람이 불어와 주변을 시원하게 해 주는데 이때 부는 바람을 해풍이라고 합니다. 얼마간 해풍이 불면 기압 차가 없어져서 바람이 멈춥니다. 이것을 일본에서는 '나기(바람이 멎고 물결이 잔잔해진다는 의미)'라고 부릅니다. 밤에는 육지의 공기가 빨리 식기 때문에 해상의 공기가 상승하여 바다 쪽이 저기압이 됩니다. 이 때문에 육지에서 바다로 바람이 부는데 이를 육풍이라고 합니다. 두 바람 중에서는 해풍이 육풍보다 강하고 시원합니다.

산과 계곡 사이에서도 산풍과 계곡풍이 붑니다. 한낮에는 산이 계곡보다 햇볕을 많이 받아 공기가 가벼워져서 계곡에서 산으로 계곡풍이 붑니다. 반대로 밤에는 산의 공기가 빨리 식어 산에서 계곡 쪽으로 산풍이 붑니다. 대륙과 바다 사이에 위치한 일본에서 여름과 겨울에 계절풍이 부는 이유는 해풍과 육풍이 부는 원리와 같습니다.

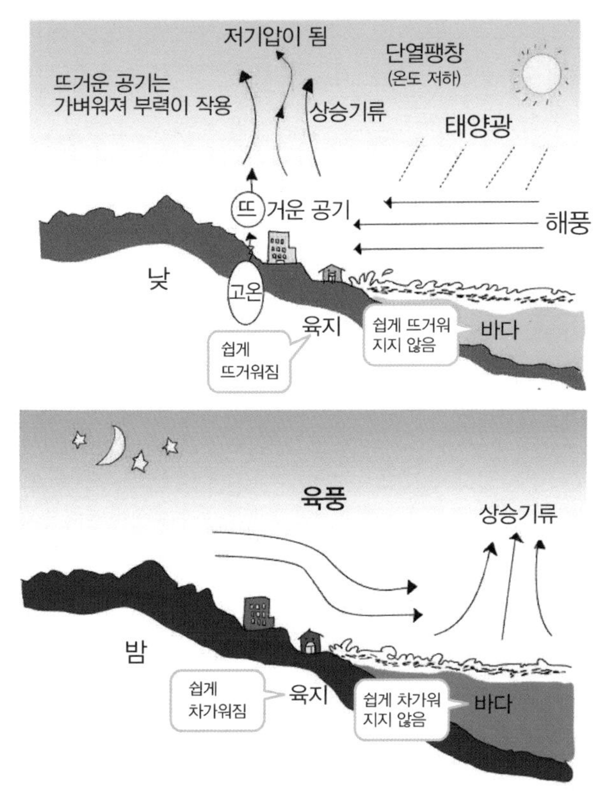

그림. 물은 열용량이 커서 쉽게 뜨거워지거나 식지 않습니다. 반대로 육지는 흙이 많아서 쉽게 뜨거워지고 식는 성질이 있습니다. 이것이 해풍이나 육풍을 일으킵니다. 집의 남쪽에 연못을 배치하는 이유는 풍경을 감상하기 위함이기도 하고 해풍의 구조로 시원한 바람을 일으켜 쾌적하게 지내기 위함이기도 합니다. 여기에서 옛 선조들의 지혜를 엿볼 수 있습니다.

1-11 심해의 해수 온도는 몇 도일까?

심해의 해수 온도는 항상 1~2℃ 정도로 유지되고 있습니다. 단 동해의 수심 300m는 0.8℃ 정도로 차가워서 동해 고유수라고 부릅니다.

해수 온도는 계절이나 장소에 따라 다르지만 보통 해수면 근처는 20~28℃ 정도이며 깊이가 깊어질수록 낮아집니다. 수심 100m 정도부터는 온도가 급격히 낮아지는데 온도가 갑자기 바뀐다는 의미에서 수온약층이라고 합니다.

수온약층을 지나면 온도가 완만하게 낮아지는데 1,000m를 넘으면 4~7℃ 정도 되며 이를 심층수라 하고, 수심 4,000m 이하의 해수를 저층수라고 합니다. 태평양에서는 흑조(필리핀 동쪽 해역에서 발원하여 대만의 동쪽, 일본의 남쪽을 거쳐 북위 35도 부근에서 동쪽으로 굽어 흐르는 해류. - 옮긴이)의 영향으로 온도가 완만하게 낮아집니다.

지구상의 모든 해수는 연결되어 있어서 지구 전체에서 입체적으로 대순환 운동을 합니다. 해수는 차가워지면 무거워져서 가라앉게 됩니다. 우리 지구에는 심층수가 두 군데 있는데 한 곳은 북대서양의 그린란드 앞바다이고 또 다른 곳은 남극해(웨들해)입니다. 남극과 북대서양에서 각각 형성된 심층수가 대서양의 남아프리카 앞바다에서 만나면 해저 지형을 따라 하와이 앞바다를 지나 북태평양으로 북상하는데, 속도는 초속 1cm가 되지 않습니다. 이때 심층수가 지열이나 주변의 해수의 영향으로 따뜻해지고 가벼워지면 점점 표층으로 올라가게 됩니다. 그러면 태양열에 데워지면서 남쪽으로 내려가다 적도 부근에서 더욱 가열되어 난류가 됩니다. 이처럼 해수는 약 1000년에서 2000년 정도 입체적으로 순환합니다.

심해에는 해양 생물의 사해와 같은 유기물이 미생물에 의해 분해되어 가라앉습니다. 그래서 심층수는 해수면 근처에 비해 농도가 수십 배 이상 높은 영양염을 함유하고 있습니다. 육상에서는 식물의 영양소로 질소, 인, 칼륨을 들 수 있고, 바다에서는 칼륨 대신 조개껍데기의 주성분인 규소가 많아 영양소로 질소, 인, 규소, 미네랄 등을 들 수 있습니다. 그리고 심층수는 유기물 등이 적어서 해수가 깨끗합니다.

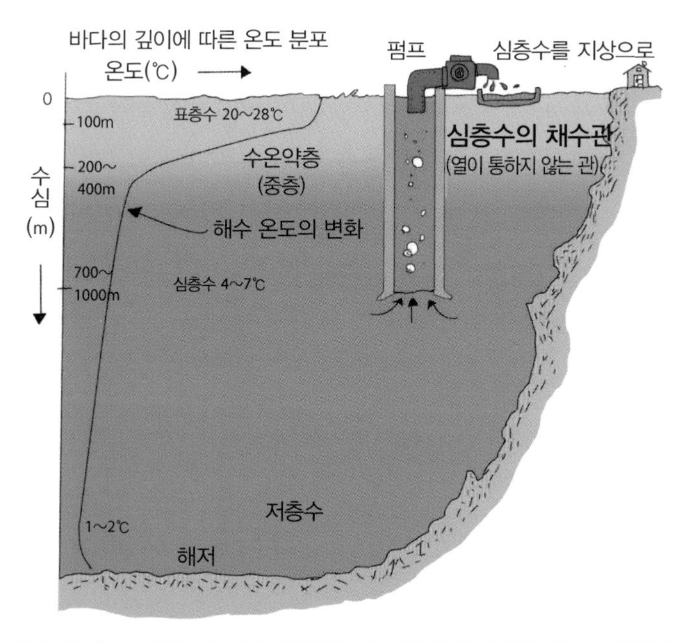

그림. 해수 온도는 수심 100m 정도까지는 거의 일정하다가 더 깊어지면 온도가 급격히 낮아지고 그다음부터는 해저까지 완만하게 낮아져 1~2℃ 정도 됩니다. 심층수를 채수하려면 수심 약 400~700m인 곳에 양 끝이 오픈된 관을 내려보냅니다. 펌프로 관 속의 해수를 퍼 올리면 처음에는 주변과 같은 해수가 나오다 시간이 지나면 심층수로 바뀝니다. 이때 단열 기능이 있는 관을 사용하면 수온이 심층수와 같아집니다. 이러한 방식은 수산 양식 이외에 냉방, 발전 등에서도 이용할 수 있습니다.

1-12 화석연료란 무엇일까?

화석연료란 탄소와 수소의 화합물 형태로 존재하는 에너지 자원을 말하는데, 이는 인류가 생기기 이전부터 지구가 태양의 힘을 빌려 만들어낸 것입니다. 화석연료는 불을 붙이면 계속 타기 때문에 연료로 활용할 수 있습니다. 화석연료에는 석탄, 석유, 천연가스가 있으며, 이들은 최근 화석연료로 사용되기 시작한 셰일 오일이나 셰일 가스와 구별하기 위해 재래식 화석연료라고 합니다.

에너지 자원이란 자연계에 존재하는, 이용 가능한 에너지를 말하는 것으로 1차 에너지라고도 합니다. 전기나 수소 등은 인공적으로 만들기 때문에 2차 에너지라고 합니다.

약 3억 년 전, 양치식물과 같은 다양한 수목이 말라 장기간 호수와 늪의 바닥에 퇴적되어 있다가 지각변동에 의해 고온 고압 환경에 놓인 결과 탄화 작용에 의해 석탄이 탄생했습니다. 석탄은 탄화 성숙도에 따라 충분히 분해되지 않은 이탄, 탄화도가 낮은 갈탄(아탄), 탄소 함유량이 83~90%인 역청탄, 90% 이상인 무연탄으로 분류됩니다. 무연탄은 거의 완전한 탄소라서 연소 시 연기가 적고 냄새가 많이 나지 않으며, 1kg당 약 2만 7300kJ의 에너지가 있습니다.

약 1.9억 년 전의 바다나 호수, 늪에 플랑크톤이나 조류의 사체가 퇴적되어 석탄과 같은 과정을 거쳤고, 이들의 유기물에서 나온 다양한 고분자 화합물(탄소, 수소, 질소 등을 함유한 화합물로, 한 개의 화합물이 쇠사슬 또는 그물코처럼 결합하여 있음)이 고온 고압의 환경에 놓인 결과 석유가 만들어졌다는 설이 유력합니다. 그 유기물이 탄소와 수소가 결합한 메탄

(CH_4)인 경우 천연가스가 되었습니다.

석유는 표준 압력에서 증류되어 끓는점이 낮은 순서로 분류되며, 화학 제품이나 휘발유, 발전용처럼 용도별로 나눌 수 있습니다. 석유는 1리터당 약 3만 8000kJ(원유 비중은 0.85), 천연가스는 1m^3 당 약 4만 1000kJ(메탄 1m^3은 0.717kg)의 에너지를 갖고 있습니다.

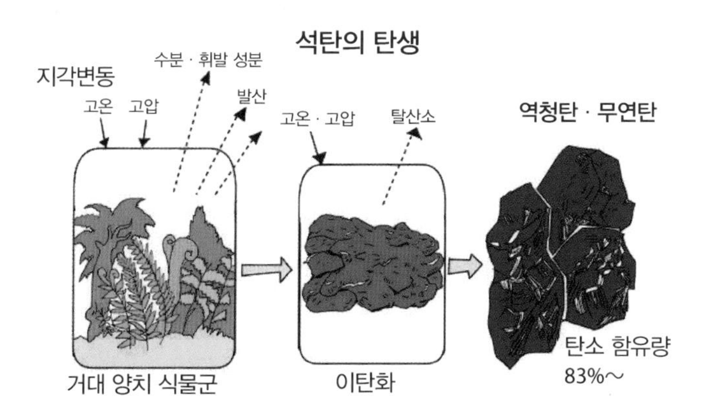

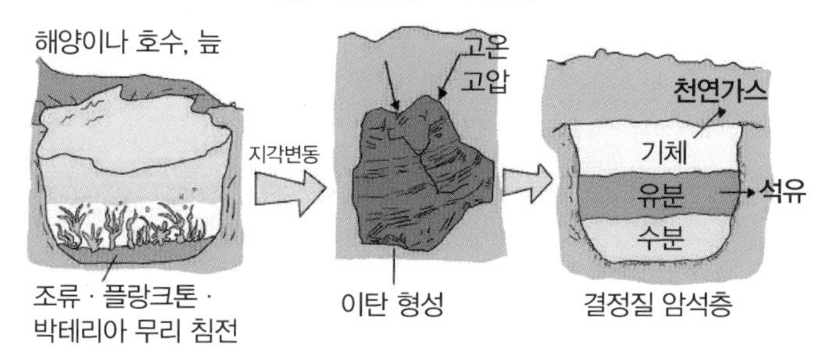

그림. 수많은 나무가 고온 고압의 환경에서 분해되어 처음에는 이탄이 됩니다. 그중 일부가 그대로 지표면에 남고, 나머지는 지각 변동에 의해 고온 고압의 환경에 놓인 결과 탄소 덩어리가 되는데 이것이 석탄입니다. 한편 조류나 플랑크톤 등이 해저에 퇴적됐다가 지각 변동에 의한 고온 고압으로 이암 상태가 되는데, 여기에서 밀도가 낮은 가벼운 유분이 모인 것이 석유가 되고 기체의 가연 성분이 모인 것이 천연가스가 되었습니다.

1-13 핵에너지란?

우라늄(U)과 같은 무거운 원자에 중성자로 충격을 가해 원자핵을 분열시켰을 때 발생하는 에너지를 핵분열에너지라고 합니다. 수소(H)처럼 가벼운 원자끼리 부딪쳐 융합시킨 다음 헬륨 같은 원자로 바꿀 때도 에너지가 발생하는데, 이것을 핵융합에너지라고 합니다. 또 불안정하고 무거운 원자는 스스로 파괴되어 안정적인 원자가 되려고 합니다. 이때 핵붕괴 열이라고 하는 에너지를 방출합니다.

핵에너지에서 나오는 방사선(알파 입자 : 전하를 띤 헬륨, 베타 입자 : 양전자 또는 전자, 감마선 : X선 파장의 전자파)을 다른 물질로 흡수시키면 즉시 열로 변환할 수 있습니다.

핵분열 반응의 예를 들어보겠습니다. 우라늄235(질량수 235, 원자번호 92)에 중성자가 충돌하면 스트론튬(Sr)과 크세논(Xe) 2개의 중성자로 분열합니다. 이때 중성자는 연쇄적인 핵분열 반응을 일으키며 1, 2, 4, 8…… 계속해서 두 배로 증가해 기하급수적으로 늘어납니다. 이때 1g의 우라늄235에서 8.1×10^{10}J(석탄 약 3톤 분량)라는 방대한 에너지를 얻을 수 있습니다.

핵융합 반응에서는 4개의 수소 원자핵(양자)에서 1개의 헬륨 원자핵이 만들어지는데 이때 양전자가 튀어나옵니다. 양전자는 순간적으로 전자와 결합했다 사라지는 쌍소멸에 의해 열에너지를 발생시킵니다. 수소 원자 1g에서는 0.678×10^{12}J의 열에너지가 발생합니다.

핵반응에서 나오는 방사성 동위원소는 불안정하기 때문에 차례로 붕괴하면서 다른 원소로 바뀝니다. 이때의 핵붕괴 열은 그리 크지는 않지만 오래 유지됩니다. 예를 들어 플루토늄238은 1kg당 약 567W의 열을 계속해서 방출합니다. 그 원자 자체의 수가 반으로 줄어드는 기간을 반감기라고 하며 플루토늄238의 반감기는 87.7년입니다. 반감기의 기간은 원자의 종류에 따라 다릅니다.

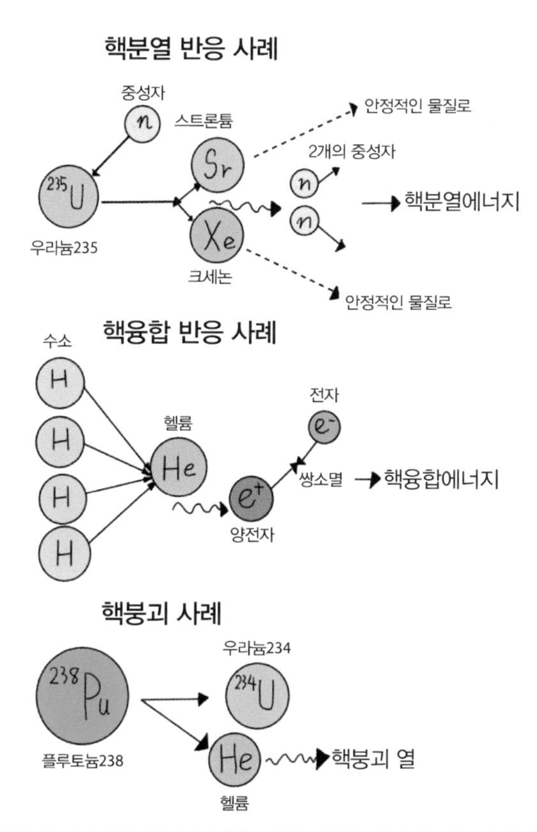

그림. 핵에너지는 원자의 분열이나 융합에 의해 생기는 에너지로 핵반응 전후에 질량 변화가 발생합니다. 이것을 질량 결손이라고 하며 줄어든 만큼의 질량이 에너지로 바뀝니다. 알베르토 아인슈타인이 질량이 에너지로 바뀌는 것을 발견하였으며 질량과 에너지가 같다는 것을 증명했습니다.

1-14 재생 가능한 '열' 에너지는 사용할 수 있을까?

재생 가능한 에너지는 자연 에너지라고도 하며, 지구가 자원으로써 존재하는 한 사라지지 않는 에너지라는 뜻으로 사용됩니다. 사람이 가공하지 않아도 자연이 그 에너지를 만들어 준다는 의미입니다. 구체적으로는 태양 에너지, 지열 에너지, 풍력 에너지, 해양 에너지를 들 수 있습니다.

해양 에너지에는 다양한 형태의 에너지가 있습니다. 파도 에너지, 조수간만에 의한 조석 에너지, 해류나 조류 에너지, 해양의 표층과 심층의 온도 차를 이용하는 온도 차 에너지, 하천수와 해수의 염분 차이를 이용하는 농도 차 에너지가 있으며 광합성 등에 의한 생물 에너지를 포함하는 경우도 있습니다.

이 중에서 열과 관련된 에너지는 태양 에너지, 지열 에너지, 해양 온도 차 에너지입니다. 태양 에너지는 광 에너지로 이용하는 태양전지가 널리 이용되고 있는데, 열로 이용할 수도 있습니다. 태양은 표면 온도가 약 6,000K이며 일본에는 지표면 $1m^2$당 최대 1kW의 에너지가 내리쬡니다. 에너지의 밀도는 낮지만, 태양전지가 빛을 받는 면적을 넓히면 이에 비례하여 많은 양의 에너지를 얻을 수 있기 때문에 큰 규모에서도 이용할 수 있습니다.

지열 에너지는 높은 온도의 마그마 굄 열을 직접 활용할 수 있을 만큼 기술이 발전하지 않아 이용 범위가 한정적이며 200~230℃의 수증기를 활용하고 있습니다. 온천도 온도가 낮은 지열 에너지입니다.

해양 온도 차 에너지의 온도 차는 20℃ 정도밖에 되지 않지만, 해수의 양이 어마어마해서 전체 규모 면에서는 에너지양이 방대하다고 할 수 있습니다.

이 세 가지를 총칭해서 재생 가능한 '열' 에너지라고 할 수 있습니다.

자연 에너지는 자연환경과 함께 존재하기 때문에 면적이나 부피 대비 에너지가 적고 크기가 쉽게 변하며 얻을 수 있는 장소가 한정되어 있습니다. 특히 태양 에너지는 밤이 되면 사라진다는 제약이 있습니다.

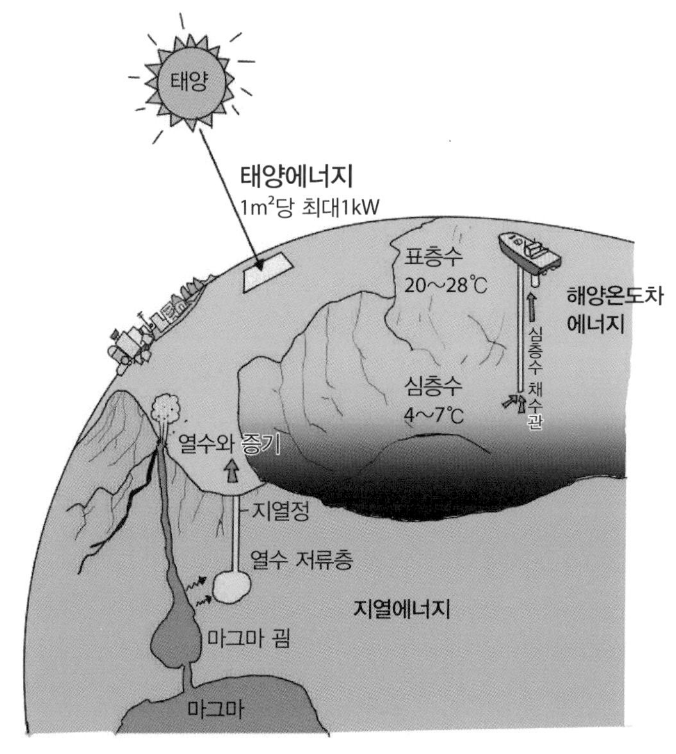

그림. 태양 에너지는 1m²당 최대 1kW로, 일출부터 일몰까지 지표면의 평균을 계산해 보면 날씨가 쾌청해도 160W입니다. 지열 에너지는 화산 지대에 있는 마그마 열을 열수로 모은 에너지입니다. 해양 온도 차 열은 심층수를 단열한 파이프를 이용해 지표면으로 가져와야 합니다.

1-15 왜 철이 유리보다 빨리 열을 전달할까?

철, 동, 은과 같은 금속과 유리, 목재와 같은 절연물은 열의 전달 방식이 다릅니다. 금속은 전기가 통하는 도체로 그 내부에 자유롭게 움직일 수 있는 가벼운 전자가 많아 이 전자에 의해 대부분의 열이 운반됩니다. 한편 유리나 목재는 절연물이라서 열을 운반할 수 있는 가벼운 전자를 갖고 있지 않습니다.

유리나 목재는 규소의 산화물이나 탄소, 수소, 질소 등을 포함한 유기물로 구성되어 있으며, 분자들은 격자 모양이나 3차원의 그물코 모양으로 촘촘히 결합하고 있습니다. 열은 이 격자무늬를 흔들면서 진동을 이용해 고온에서 저온으로 이동합니다. 특히 목재를 비롯한 식물은 나이를 알 수 있는 층상 구조를 갖고 있어서 세로 줄무늬 방향과 그 수직 방향은 열을 전달하는 정도가 크게 다릅니다.

금속도 전기가 잘 통할수록 열을 잘 전달하는 성질이 있습니다. 올림픽의 메달 순서와는 다르지만 1위가 은, 2위가 동, 3위가 금이고 그다음이 철입니다.

절연물 중에서는 두드렸을 때 금속 소리가 나는 것이 열을 잘 전달합니다. 목재나 도자기, 벽돌, 천, 종이보다 유리나 자기가 열을 빨리 전달합니다. 열을 잘 전달하지 못하는 물질들은 그 성질을 이용하여 열을 차단하는 단열재로 활용됩니다.

이처럼 열이 물질 안에서 전달되는 것을 열전도라고 합니다. 자연환경이나 생활 속에서 열전도는 큰 역할을 담당하고 있습니다. 열전도는 물질의 온도 차, 크기, 두께로 전달되는 속도가 결정되는데 물질의 성질에도 크게 영향을 받습니다. 이를 나타낸 것이 열전도율입니다. 단위 면적당 열의 흐름은 온도 차와 열전도율에 비례하고 열이 전달되는 거리에 반비례합니다. 은, 동, 금의 열전도율을 기준으로 하면 철은 1/5, 유리는 1/300, 목재는 1/3000 정도로 낮습니다. 또 고체, 액체, 기체의 열전도율은 나열한 순서대로 낮아집니다. 물과 공기를 비교하면 물이 23배나 더 열을 잘 전달합니다.

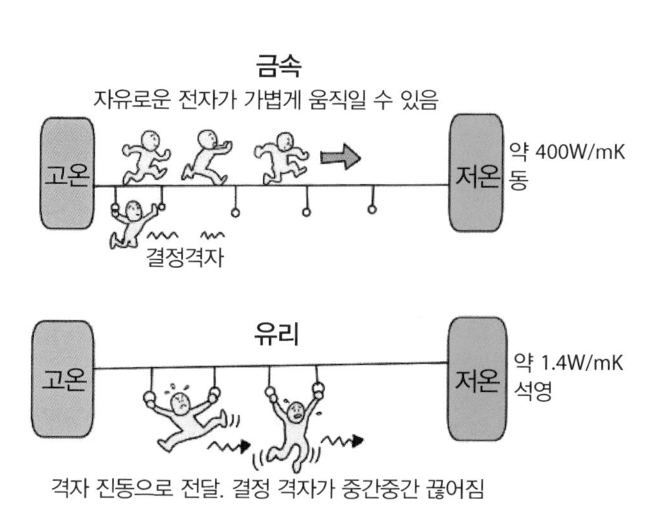

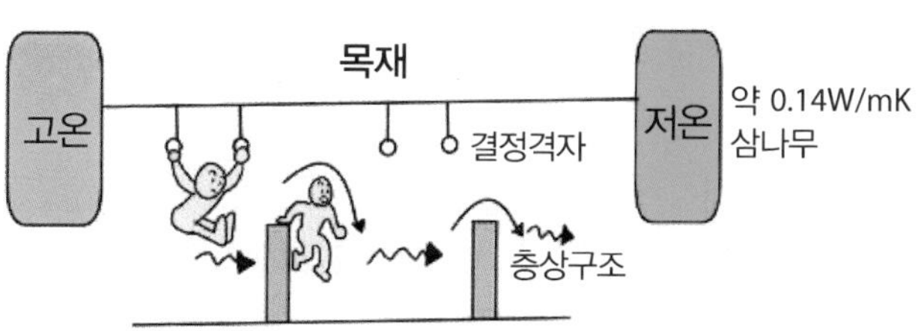

그림. 열은 고온에서 저온을 향해 다양한 방법으로 물질 안을 이동합니다. 금속과 같은 도체에서는 자유 전자 상태로 이동하고, 유리나 목재 등의 절연체에서는 결정격자의 진동으로 이동합니다. 층상 구조의 물질에서는 방향에 따라 열전도가 달라집니다. 또 고체 > 액체 > 기체처럼 물질의 상태에 따라 달라지기도 합니다.

열 과학의 발전 과정

인류가 열을 객관적으로 보기 시작한 것은 기원전 1세기쯤으로 추정됩니다. 그 시기 문헌에서는 납 구슬이 구르면 열을 띤다는 내용이나, 물의 증발과 공기의 열팽창 등에 관심을 보인 흔적을 찾아볼 수 있습니다. 또 수증기의 힘을 회전력으로 바꾸는 증기 터빈의 기초가 되는 실험도 이루어진 것으로 보입니다.

그리스 철학이 바탕이 되어 우주나 우리 주변에서 일어나는 현상에 관심이 높아지기 시작한 것은 16세기 이후입니다. 열에 대한 부분을 짚어보자면, 지동설로 유명한 갈릴레오 갈릴레이가 공기가 팽창 또는 수축하는지를 확인하기 위해 밀봉 용기의 공기 온도에 따라 물 높이가 변하는 장치를 만든 것이 1597년입니다.

그로부터 60년 후인 1657년에는 이탈리아 피렌체의 '실험 아카데미'에서 갈릴레오의 장치에 눈금을 추가하자는 개량 제안이 있었고, 인간의 체온이나 버터가 녹는 온도 등을 기준으로 하자는 의견도 있었지만 결과적으로는 채택되지 않았습니다. 하지만 그 논의를 계기로 '정점(기준점)'에 대한 개념이 자리 잡았습니다. 그리고 1665년에 물이 끓는 동안에는 온도가 일정하다는 사실이 발견되었습니다.

마지막으로 1742년에 물이 끓는 온도를 100으로 하고 얼음이 녹는 온도를 0으로 정한 다음, 그 사이를 100등분 한다는 셀시우스의 제안이 지금의 표준으로 정착했습니다. 온도계에 대한 의견이 제안되고 무려 145년 만의 일입니다. 이 온도계를 이용하여 열의 다양한 성질을 밝혀냈으며, 열에 대한 이해가 깊어졌습니다.

열 과학은 공통된 기준인 온도계를 만들게 되면서 시작되었지만, 온도계가 결정되는 과정에서 이미 열의 본질이 밝혀지기도 하고 숨겨지기도 한 셈입니다.

생활 속 열의 미스터리

건강하고 쾌적한 삶을 위해
열의 성질에 대해 알아봅시다

2-1 왜 물건을 비비면 열이 발생할까?

양손을 비비면 따뜻해집니다. 이는 인류가 스스로 열을 만들어낸 최초의 동작이 아니었을까요? 이와 비슷하게, 마른 나무를 서로 비비면 뜨거워집니다. 남들보다 호기심 강한 어떤 사람이 이 동작을 끈기 있게 계속한 결과 나무에 불이 붙어, 인간이 스스로 불을 피울 수 있게 되었을 것입니다. 무려 수만 년 전, 인류가 문명을 발달시킬 중요한 수단을 손에 넣은 순간입니다.

두 물질을 서로 비비면 표면을 구성하는 분자와 원자가 강하게 흔들리고, 그 진동이 내부로 퍼집니다. 요컨대 외부에서 비비는 운동이 원자 수준의 진동으로 변환되고 이것이 열로 바뀌면서 온도가 상승하는 것입니다. 움직인다는 것은 운동 에너지가 열에너지로 변한다는 것입니다. 운동과 열이 같은 에너지라는 사실이 증명된 것은 1840년대의 일입니다.

가는 철사를 반복해서 폈다가 구부리면 마디 부분이 손으로 만질 수 없을 만큼 뜨거워집니다. 이 역시 반복된 동작이 철사 안의 원자로 전달되고 강한 진동이 되어 열로 변한 것입니다. 물체를 서로 비볐을 때 열이 발생하는 것과 같은 원리로, 이것을 마찰열이라고 합니다.

마찰열은 열의 본질을 밝히는 계기가 되었습니다. 덕분에 우리는 경험에 의존해 열을 이용하던 시대에서, '열 과학'을 다루는 새로운 시대를 맞이하게 되었습니다.

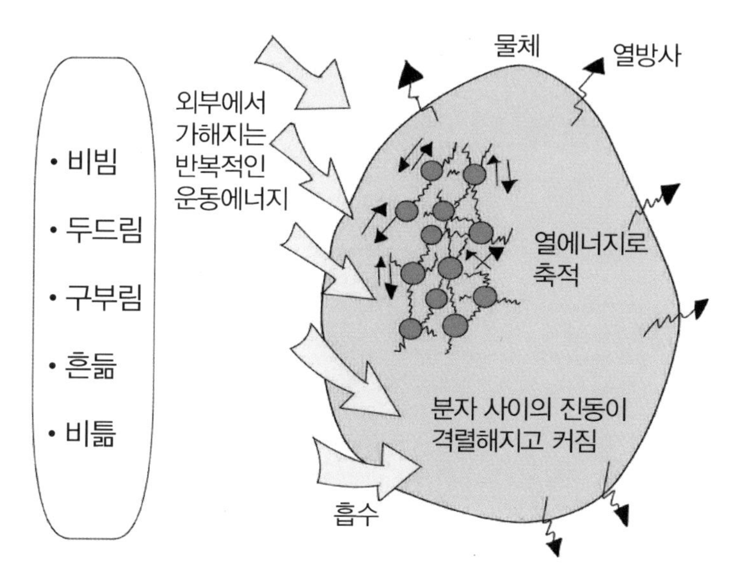

그림. 물체에 다양한 운동(비빔, 두드림, 구부림, 흔듦, 비틂 등)을 반복적으로 가하면 그 에너지가 물체에 흡수되고 원자 배열과 원자 자체를 흔들어 진동을 일으킵니다. 이 진동이 물체에 축적된 것이 열에너지입니다. 물체는 온도에 따른 전자파를 열 방사합니다. 이 과정을 운동 에너지가 열에너지로 변환됐다고 합니다.

MEMO

에너지의 단위는 J(줄)로, 제임스 줄이라는 사람의 이름에서 따온 것입니다. 1850년 줄은 물을 넣은 용기에 빗 모양의 날개바퀴를 넣고 계속 돌리면 물의 온도가 상승한다는 것을 발견하여 열과 운동 사이의 일정한 관계를 밝혀냈습니다.

2-2 물체가 연소하려면 어떤 조건이 필요할까?

물체가 연소하기 위해서는 세 가지 조건이 필요합니다.

① 연소될 물체가 있어야 하고, ② 공기 등 산소가 있어야 하며, ③ 온도가 그 물체의 발화점에 도달해야 합니다.

이 중 하나라도 충족되지 않으면 물체는 연소하지 않습니다.

우리는 일상생활에서 연료를 태워서 열로 바꿔 다양한 방법으로 이용합니다. 연료에는 석유(휘발유, 경유, 등유), 도시가스, LPG(액화석유가스), 목탄, 장작이나 연탄(석탄 분말을 개어서 굳힌 것)이 있습니다. 휘발유와 경유는 자동차, 등유는 난방, 그 이외는 주로 조리나 뜨거운 물을 공급하는 데 이용합니다. 우리가 이용하는 대부분의 전기도 LNG(액화천연가스)나 석탄, 석유(원유, 중유)를 연소시켜 발생한 고온 · 고압의 수증기를 이용해 생산한 것입니다.

석탄은 대부분이 탄소 덩어리이고, 석유는 탄소와 수소가 복잡하게 결합한 것입니다. 도시가스의 주성분인 메탄가스는 탄소 1개에 수소 4개가 결합한 것입니다.

이처럼 연료를 연소시킨다는 것은 연료의 성분인 탄소(C)와 수소(H)를 산소(O)와 결합한다는 것입니다. 이 작용에 의해 연료를 태우면 이산화탄소(CO_2)와 물(H_2O)로 바뀝니다. 연소는 이 발열반응을 이용하는 것으로 탄소가 연소하면 1g당 32.76kJ(킬로 줄), 수소가스(수소 2개가 결합한 것)가 연소하면 1g당 142.915kJ의 에너지가 발생합니다.

도시가스는 부피 1리터당 45kJ의 에너지를 갖고 있으며, 이상적인 조건에서의 연소 온도는 1,700~1,900℃로 매우 고온입니다. 가정에서 사용하는 가스레인지의 경우는 주위로 손실되는 열이 있어서 1,000℃ 정도의 온도에서 연소합니다.

유기물이 반드시 연소하는 것은 탄소와 수소를 포함하고 있기 때문입니다. 플라스틱이나 페트병, 합성섬유 등은 원료가 석유라서 당연히 불에 탑니다. 한편 콘크리트나 돌, 세라믹과 같은 절연물은 불에 타지 않습니다.

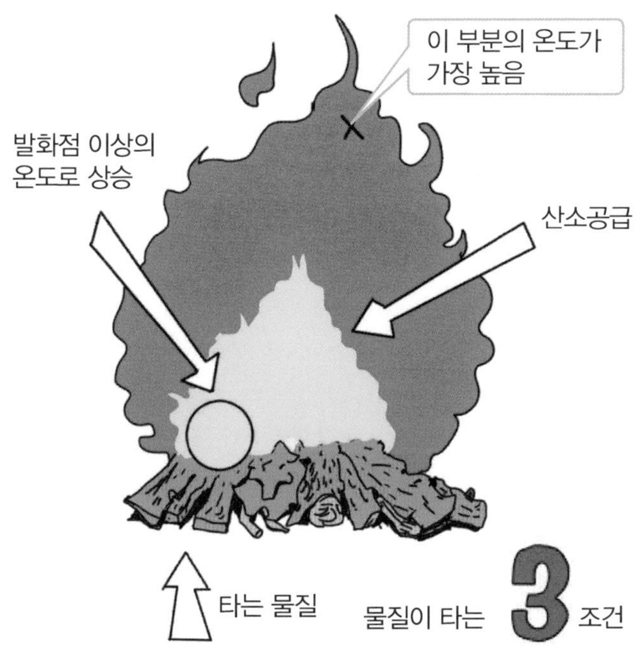

그림. 물체가 타거나 물체를 태운다는 것은 그 안에 포함된 탄소와 수소가 산소와 급격히 결합하여 발열 반응을 일으키는 것입니다. 타는 물체가 있고, 이 물체가 발화점 이상의 온도에 있으며 산소(공기)가 공급된다는 세 가지 조건이 충족되면 물체는 연소합니다.

2-3 왜 햇볕을 쬐면 따뜻할까?

햇볕을 쬐면 따뜻한 이유는 태양광(에너지)의 약 42%가 사람을 따뜻하게 하는 데 딱 좋은 전자파(적외선)이기 때문입니다.

태양 에너지는 온도가 약 6,000K(켈빈)인 물체의 전자파 방사입니다. 전자파는 손실 없이 방사 전열로 우주 공간을 지나 지구에 도달합니다.

태양은 일곱 빛깔 무지개(빨간색, 주황색, 노란색, 초록색, 파란색, 남색, 보라색)로 알려져 있듯, 가시광선이라는 다양한 파장의 전자파 집합체입니다. 태양 에너지는 가시광선 54%, 이보다 짧은 파장인 자외선 4%, 긴 파장인 적외선 42%의 비율로 구성되어 있습니다.

전자파는 파장이 짧을수록 에너지의 밀도가 높고 길수록 낮습니다. 태양에서 오는 적외선의 파장은 0.83μm(마이크로미터, 1μm=100만분의 1m)에서 2.4μm 정도입니다. 사람의 머리카락 평균 지름이 80μm로, 태양에서 오는 적외선의 파장은 그 1/100~1/30 정도 됩니다.

전자파의 또 다른 성질은 물체에 닿으면 반사, 흡수, 투과한다는 점입니다. 그 모양은 파장과 부딪치는 상대에 따라 달라집니다. 금속에 부딪히면 대부분 반사되고, 절연물에 부딪히면 적당히 흡수되고 반사되지만 대부분이 투과합니다. 전자파가 흡수되면 물질을 구성하는 분자나 원자에 힘을 가해 진동하게 합니다. 즉 열로 바뀌는 것입니다.

지구상의 물체가 선명하게 색깔을 띠는 것은 물체가 특정 파장의 색을 많이 반사하고, 사람이 그 파장의 색을 구별할 수 있기 때문입니다.

태양에서 오는 적외선은 눈에는 보이지 않지만 사람 피부의 0.3mm 정도까지 침투할 수 있으며, 0.1~0.2mm의 표피와 그 아래의 진피 일부까지 도달해 열로 바뀝니다. 사람 피부의 온도 센서(온점이라고 함)는 1~2mm 두께의 진피 안에 있어서 직접 따뜻함을 느낄 수 있습니다. 이 때문에 양지에서 햇볕을 쬐면 기분이 좋아지는 것입니다.

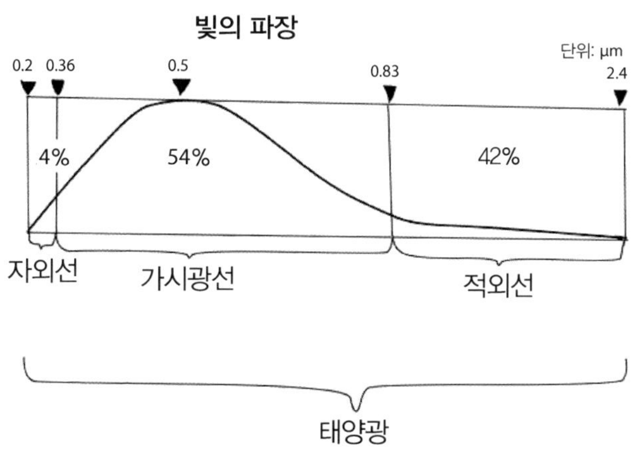

그림. 태양광의 파장과 자외선, 가시광선, 적외선의 에너지 비율을 나타내고 있습니다. 우리는 파장이 긴 적외선을 주로 흡수하기 때문에 햇빛을 쬐면 따뜻하다고 느낍니다. 자외선은 비율은 낮지만 1광자의 힘이 강해서 피부나 눈이 손상되지 않도록 조심해야 합니다.

2-4 에어컨은 왜 난방이 가능할까?

물은 높은 곳에서 낮은 곳으로 흐릅니다. 열도 고온에서 저온으로 전달됩니다. 반대로 물을 낮은 곳에서 높은 곳으로 끌어올릴 때는 펌프를 사용하는데, 이 펌프를 작동시키려면 동력이 필요합니다. 열도 마찬가지입니다. 낮은 온도에서 높은 온도로 바꾸려면 펌프처럼 열을 퍼올리는 시스템이 필요한데 이를 열펌프라고 합니다. 열펌프를 작동시킬 때 역시 동력이 필요합니다. 난방을 할 때는 연료(등유, 도시가스, 장작 등)를 태우거나 전열기를 사용하기도 하지만, 주로 간편하고 효율이 좋은 에어컨(에어컨디셔너 : 공조기)을 사용합니다.

증기는 압축하면 온도가 올라가고, 응축하여 액체로 바꾸면 응축 잠열이라는 큰 열을 방출합니다. 열펌프는 이 두 가지 원리를 이용합니다.

열을 끌어올려 외부의 차가운 공기를 따뜻하게 하려면 외부 온도보다 훨씬 낮은 온도에서 끓는 물질(끓는점이 -26.5℃나 -61.4℃인 매체 등)을 사용해야 합니다. 외부의 낮은 온도에서, 끓는점이 낮은 매체를 기체로 바꾼 다음 동력을 이용해 압축하면 기체의 온도가 올라갑니다. 이 고온의 열로 데운 공기를 실내로 내보내면 방이 따뜻해집니다. 공기를 따뜻하게 데운 매체는 응축 잠열을 방출해 액체가 되고 외부 온도에 의해 증발해 다시 기체가 되며, 이 사이클을 계속 반복합니다.

에어컨의 효율은, 난방을 위해 실내로 내보낸 공기의 열량과 에어컨을 가동한 전력의 비율로 나타냅니다. 이것을 에어컨의 성적계수(COP)라고 하며 보통 4~5 정도입니다. 이는 전열기보다 4배 이상 효과가 있다는 의미입니다.

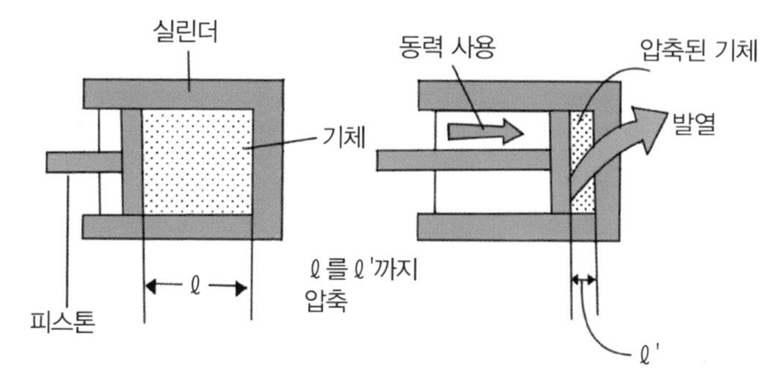

그림 1. 기체를 넣은 실린더의 피스톤을 누르면 부피가 감소하고 압력이 증가합니다. 기체는 압축하면 온도가 올라가는 성질이 있는데 에어컨의 난방은 이 성질을 이용하여 공기를 따뜻하게 합니다.

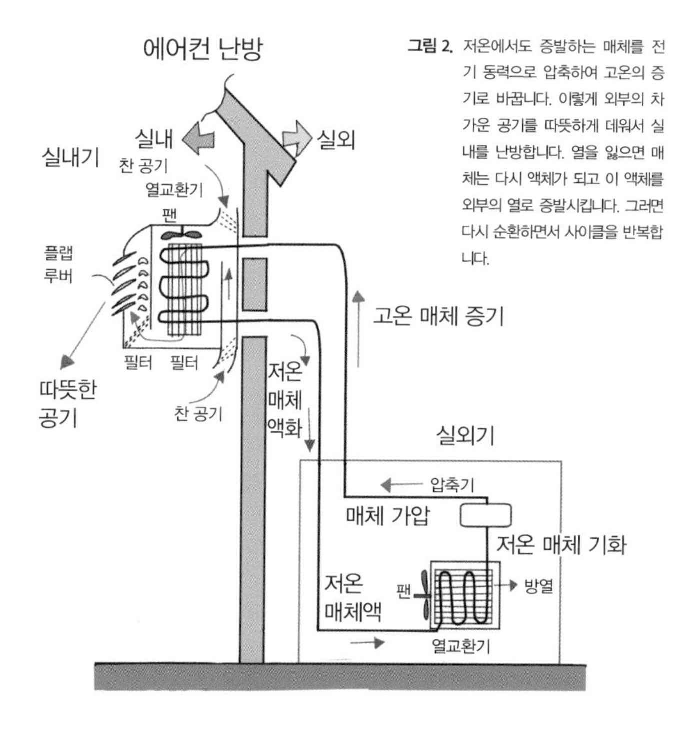

그림 2. 저온에서도 증발하는 매체를 전기 동력으로 압축하여 고온의 증기로 바꿉니다. 이렇게 외부의 차가운 공기를 따뜻하게 데워서 실내를 난방합니다. 열을 잃으면 매체는 다시 액체가 되고 이 액체를 외부의 열로 증발시킵니다. 그러면 다시 순환하면서 사이클을 반복합니다.

2-5 바닥 난방을 도입하고 싶은데 장점이 있을까?

바닥 난방은 방바닥 바로 아래에 열원이 있어서 바닥이 25~30℃의 열을 유지하는 실내 난방 방식 중 하나입니다. 한국에서는 조리할 때 생기는 연기를 순환시켜서 방을 데우는 온돌이 유명한데, 이 온돌은 바닥뿐만 아니라 벽이나 천장까지 따뜻하게 해줍니다. 바닥 난방은 기원전 25년 정도 로마 제국 시대에 발명됐다고 합니다.

지금은 열원으로 전열 히터, 가스 온수기, 조리 후 여열, 폐열 온수 등이 사용됩니다. 전열 히터 방식에서는 전기 에너지를 100% 열로 바꿀 수 있습니다. 전열 히터에는 전열기나 전기스토브에도 사용되는 니크롬선이 주로 사용되지만, 안전을 위해 세라믹 저항체(PTC : 전기가 통하는 티탄산바륨계 세라믹)가 사용되기도 합니다. 이 세라믹 저항체에는 온도가 상승하면 발열체의 전기 저항이 증가하여 자체적으로 흐르는 전류를 줄이는 성질이 있습니다.

바닥 난방은 바닥 면을 이용해 열을 전달하는데, 인체는 세 가지 방식으로 열을 전달받습니다. 첫 번째로 바닥에 몸을 접촉하여 바닥의 열전도에 의해 따뜻해지고, 두 번째로 25~30℃의 온도에서 9.5~9.7μm를 중심으로 하는 파장인 원적외선을 방출해서 태양의 열전달 방식과 같은 열방사에 의해 직접적으로 따뜻해집니다. 이때 에너지 세기는 태양 에너지의 1/10~1/20 정도입니다. 세 번째로 따뜻한 바닥이 바로 위의 공기를 데워 가벼워진 공기가 바닥에서 서서히 상승하여 자연 대류로 따뜻해집니다. 이처럼 바닥 난방은 다양한 방법으로 서서히 부드럽게 난방해 줍니다.

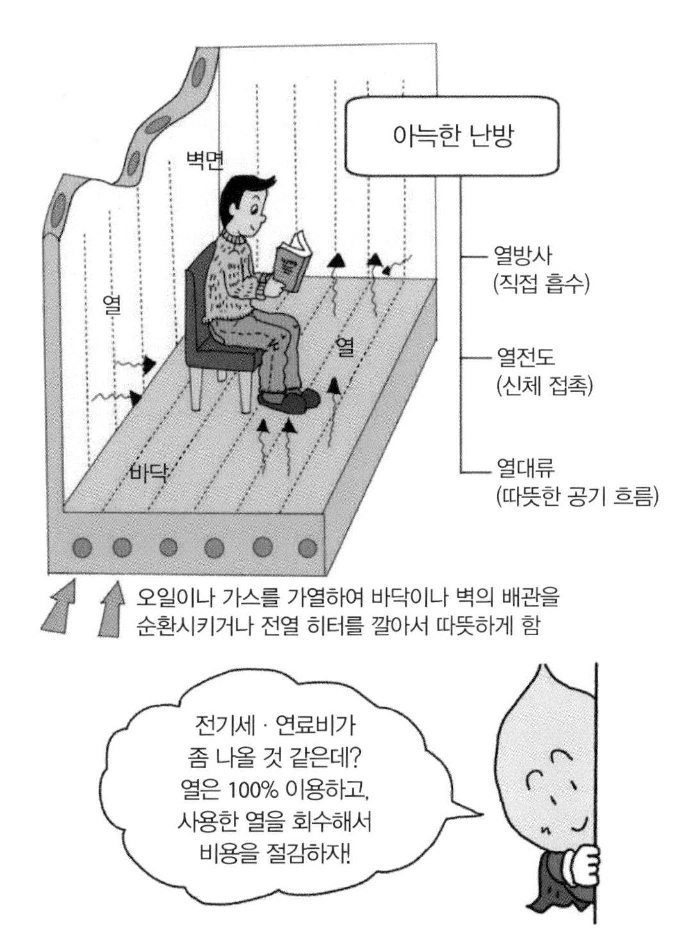

그림. 예로부터 '두한족열'이라는 말이 있듯이, 발밑에서 열을 내보내는 환경은 사람을 쾌적한 상태로 만들어 줍니다. 또한 바닥 난방은 아늑하다는 장점도 있습니다. 한 곳에서 같이 가열되는 오일이나 가스를 바닥의 배관을 따라 흘려보내면 바닥이 균일하게 데워집니다. 또 바닥에 전열 히터를 균일하게 메우는 방식도 있는데 25~30℃ 정도의 온도에서 서서히 부드럽게 방을 데웁니다. 안전하고 쾌적한 바닥 난방은 건강한 사회를 실현하는 데 필수입니다.

2-6 전기 고타쓰의 온기에 대한 비밀

난방 기구에는 에어컨이나 히터 등 다양한 종류가 있는데, 그중 전기 고타쓰(일본식 난방 기구로, 나무로 만든 탁자에 이불이나 담요 등을 덮은 것)가 특유의 온기로 꾸준히 인기를 얻고 있습니다. 그 아늑한 온기는 어디에서 오는 걸까요?

그 비밀은 발열체로 적외선 히터를 사용하는 데 있습니다. 적외선 히터에도 다양한 종류가 있는데, 할로겐램프 히터, 카본 히터, 근적외선 방사 램프 히터 등 파장의 피크가 근적외선에서 원적외선 영역에 있는 각종 발열체가 이용됩니다.

할로겐램프 히터 고타쓰를 예시로 구조를 살펴보겠습니다. 전기 고타쓰는 바닥을 파낸 부분에 발열체를 놓는 '호리고타쓰'와 테이블 아래에 발열체를 설치하는 '야구라고타쓰'로 나뉘며, 야구라고타쓰의 최신형으로 의자식 고타쓰가 있습니다. 발열체의 열방사에 의한 가열과 함께 송풍용 팬의 강제 대류 열전달 방식을 이용하여, 이불처럼 보온성이 높은 천으로 덮인 폐쇄된 공간에서 발과 허리를 따뜻하게 해줍니다. 발열체가 고온으로 상승하기 때문에 히터에는 129℃에서 자동으로 꺼지는 안전 온도 퓨즈가 장착되어 있고, 화상을 방지하기 위해 열전도율이 낮은 소재가 그물코 모양으로 덮여 있습니다. 또 전원 스위치와 온도를 조절하는 컨트롤러도 연결되어 있습니다.

할로겐램프 히터에는 고온에 강한 텅스텐(W)을 필라멘트로 하여, 관 안에 질소(N)나 아르곤(Ar)과 같은 불활성기체와 미량(약 0.1%)의 할로겐족 원소 중 하나인 브로민(Br)이 고압 상태로 봉입되어 있습니다. 고온의 텅스텐 할로겐 화합물이 발열체가 되어 유리관을 통해 근적외선 영역(파장 0.9~1.6μm)의 열을 방사합니다. 전력에서부터 발광까지의 변환 효율은 85% 정도이고, 반사나 흡수 등에 의한 최종 효율은 40% 정도 되는 것으로 알려져 있습니다. 소비 전력은 일반 모델이 최대 600W, 최소 90W라서 발밑에 보온 매트를 까는 등 열 손실을 최대한 줄일 수 있는 방법을 찾는 것이 중요합니다.

카본 히터는 탄소 섬유가 히터로 조합된 것으로 원적외선(파장 4μm 정도)을 내기 쉬운 소재이며, 인체에 대한 난방 효율이 할로겐 히터보다 2배 정도 높은 것으로 알려져 에너지 절약형이라고 할 수 있습니다.

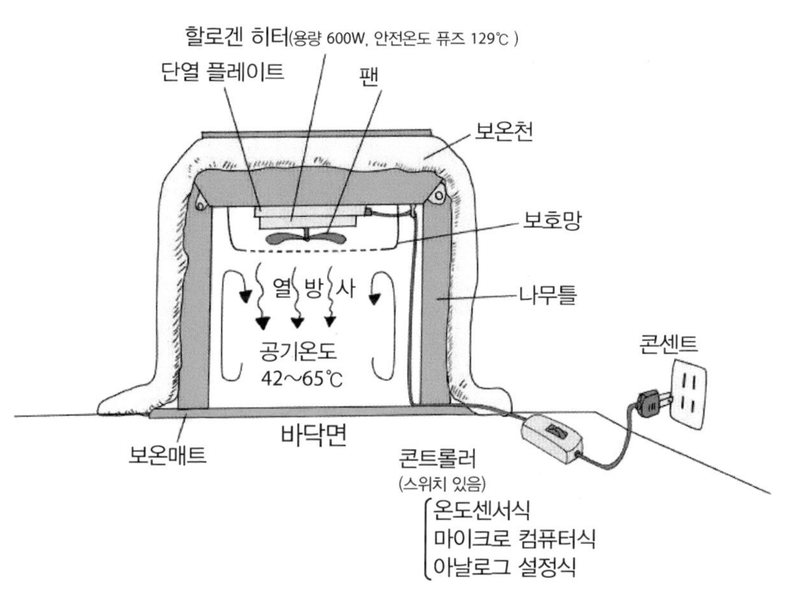

그림. 전기 고타쓰는 일본의 전통적인 고타쓰 문화를 계승한 것으로, 빨리 따뜻해지고 온도 조절이 간편하며 가스 등이 발생하지 않는 데다 전원 변환이 쉬워서 안전성이 높은 난방 기구 중 하나라고 할 수 있습니다. 발열체의 성능에 더해 기본적으로는 열방사에 의한 난방 기구지만 42~65℃ 정도의 따뜻한 공기를 얼마나 손실 없이 이용할 수 있느냐가 관건입니다.

2-7 단열 커튼의 특징은?

단열 커튼은 에어컨, 도시가스, 등유 스토브처럼 에너지를 소비하지 않기 때문에 친환경적입니다. 단열 커튼은 바깥의 고열이나 냉열, 태양광의 직사광선과 같은 열을 차단하여 실내 환경을 쾌적하게 유지해 줍니다. 이는 체온 유지를 위해 모자, 머플러를 착용하고 셔츠, 스웨터 등을 껴입는 것과 같은 원리입니다.

단열 커튼은 열방사, 열전도, 열대류에 의한 열의 전달을 차단할 수 있어야 합니다. 또한 가볍고 부드러우며 저렴해야 하기 때문에 원단에 단열 기능을 넣기 위해 표면 가공이나 다층화 작업을 합니다.

단열 커튼에는 기능 소재가 사용됩니다. 보통 차광이나 투광 조절용 레이스 커튼과 병용하는 경우가 많은데, 이는 공기의 열전도율이 유리의 1/40이라는 점을 이용하여 자연의 단열 효과를 활용할 수 있기 때문입니다. 게다가 폴리에스터와 같은 합성섬유 특유의 모양이나 구성으로 열에 대한 성질을 바꿀 수 있는 장점도 활용할 수 있습니다.

실내 쪽 원단으로는 면 소재가 가장 적합합니다. 울과 비교하면 면의 열전도율이 6배 이상 높고 감촉도 좋습니다. 면은 열전도율이 커튼의 상하 방향에서는 크고 안과 겉 방향에서는 작기 때문에 방의 위쪽과 아래쪽의 온도 차를 줄일 수 있습니다.

또한 차열 커튼은 열방사에 의한 열의 침입을 표면에서 반사하여 차단하는 기능이 있습니다. 열전도율이 다소 높은 편이지만 그만큼 반사율이 높은 소재를 사용합니다.

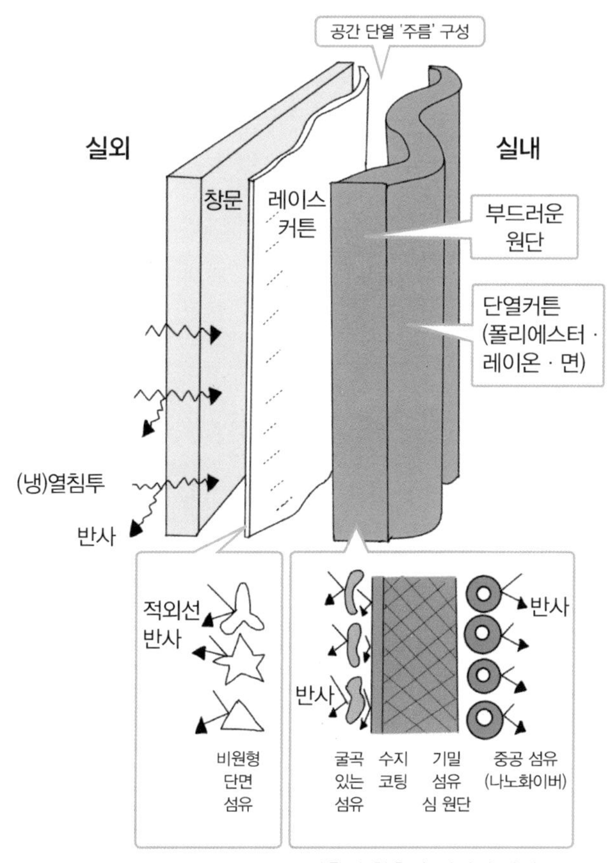

그림. 창문과 가까운 곳의 레이스 커튼에는 가시광선과 적외선을 잘 반사할 수 있도록 단면이 Y형, 별 모양, 삼각형인 섬유를 사용합니다. 단열 커튼은 낙낙한 주름(드레이프)이 많은 구성을 선택하여 그 안에 공기를 가둡니다. 창문 쪽은 굴곡이나 광택이 있는 표면을 선택해 적외선을 반사하고, 그 다음 기밀층에서 공기의 흐름을 완전히 차단합니다. 그리고 실내 쪽에는 열전도율이 낮은 중공 섬유층을 배치합니다.

2-8 결로를 방지하려면?

결로는, 공기가 기온보다 더 낮은 온도의 물질과 닿았을 때 수증기의 온도가 내려가 물체의 표면에 물방울 형태로 나타나는 현상입니다.

공기 중에 함유할 수 있는 수증기량은 온도나 압력에 따라 달라지는데, 대기의 압력은 1기압으로 일정하기 때문에 온도에 따라 달라진다고 할 수 있습니다. 예를 들어 공기 1m^{3}에 함유할 수 있는 물의 양은 기온이 25℃일 때는 약 26.1g이지만, 10℃가 되면 10.14g이 최대입니다. 공기 중에 수분이 최대한으로 들어 있는 상태가 습도 100%입니다. 기온이 25℃에서 10℃로 낮아지면 1m^{3}의 공기에서 26.1−10.14≒16g의 물이 액체가 되어 나타납니다.

특정 온도에서의 습도란 그 공기에 함유된 수분량의 허용 한계량에 대한 비율을 말합니다. 습도가 100%가 되는 온도를 이슬점이라고 하며 이때 결로가 발생합니다.

결로는 공기가 있는 곳이라면 어디에서나 발생할 수 있습니다. 특히 습도가 높고 온도 차가 생기기 쉬우며 바람이 잘 통하지 않는 곳이라면 결로가 생길 가능성이 더욱 커집니다. 여기에서 주의해야 할 점은 수증기는 물 분자라서 어떤 좁은 틈 사이라도 비집고 들어갈 수 있다는 점입니다. 또 온도 차와 습도 차 모두 있는 곳이라면 결로가 침투할 힘이 생겨 물 분자가 침입해 들어가는 성질이 있습니다.

이 결로의 성질을 잘 아는 것만으로도 대책을 세울 수 있습니다. 습도를 낮추려면 기밀성을 최대한으로 하고 제습기를 사용하는 것이 효과적입니다. 또 특정 장소의 온도를 더욱 낮추고 공기에서 수분을 집중적으로 제거하는 방법이나 수분만을 흡수 · 흡착시키는 등의 방법이 있습니다. 반대로 기밀성을 없애고 공기의 흐름을 좋게 하는 것으로도 습도 차가 해소되어 결로를 방지할 수 있습니다. 옛날 집은 통풍이 잘돼서 요즘 같은 결로 문제는 없었다고 합니다.

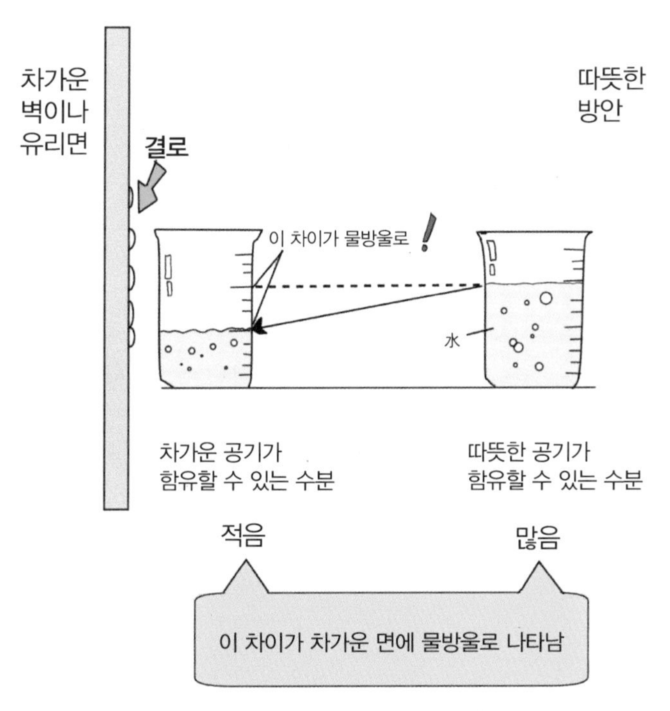

그림. 온도가 높을 때는 공기 중에 많은 물이 증기 상태로 존재할 수 있는데 온도가 낮아지면 그 양이 그림처럼 줄어서 한계를 초과한 물이 액체가 되어 결로 현상이 발생합니다. 에어컨의 드라이 설정은 이 성질을 이용하여 저온에서 인공적으로 결로시켜 공기 중의 수분을 제거한 다음 다시 가열하여 원래의 온도로 되돌립니다.

2-9 왜 '히트 테크'는 온기를 유지할 수 있을까?

예로부터 추위에 대비하는 의류에는, 쾌적함을 유지하면서도 외부에서 한기가 들어오지 않아 체온이 달아나지 않는 소재를 사용했습니다. 이는 면이나 비단, 양모와 같은 천연 소재 섬유의 굵기나 직조 방법을 연구해서 이루어졌는데, 그 소재에는 한계도 있었습니다. 그리하여 화학 섬유에 효과적으로 열을 유지하는 기능을 부여하는 기술이 검토되었고, 과학적으로 온기를 만들어내는 제품이 탄생하게 되었습니다.

그중 하나가 유니클로와 도레이가 공동 개발한 히트 테크 원단입니다. 몸에서는 추울 때도 땀이 배출되어 수증기로 발산하는데 히트 테크 원단은 이 수증기를 원단 안에서 응축시킵니다. 이때 발생하는 응축 잠열을 피부와 매우 가까운 단열층에 가둬 놓고 그 열을 머금은 섬유를 몸에 밀착시킴으로써 열전도를 이용해 피부에 온기를 전달합니다. 응축에 의해 액체가 된 수분은 모세관 현상을 이용하여 열전도가 좋고 통기성이 뛰어난 바깥층으로 유도되는데 이때 외부의 열을 이용해 수증기로 바꿔 방출합니다.

수증기가 물로 바뀔 때는 물을 1℃ 올릴 때 필요한 것보다 500배 이상 강한 열을 응축 잠열로 방출합니다. 열의 양은 적지만 열량이 높아서 충분히 효과를 기대할 수 있습니다. 인체는 하루에 약 0.8리터의 물을 수증기로 방출한다고 합니다. 이 양을 증발 잠열로 환산하면 약 20.9W의 열을 끊임없이 방출하는 셈입니다. 이 열을 100% 회수할 수만 있다면, 반대로 사람은 언제나 20W 정도의 히터에 둘러싸여 있게 됩니다.

따뜻한 내의를 만드는 또 다른 방법은 반영구적으로 4~14μm의 원적외선을 방출하는 흑연 규석(별칭 그래파이트 실리카)이라고 불리는 물질을

0.3μm 정도 크기로 작게 줄인 다음 이것을 폴리에스터 섬유와 섞어 실을 만들어 원단으로 생산하는 것입니다. 바로 가모섬유가 쿠라레이와 군제의 지원을 받아 개발에 성공한 '따뜻한 내의'입니다. 이 내의의 열방사는 체온과 가까운 영역의 파장이라서 적정한 온기를 얻을 수 있으며, 내의 이외에도 레그 워머나 롱 숄 등으로 용도가 확산하고 있습니다.

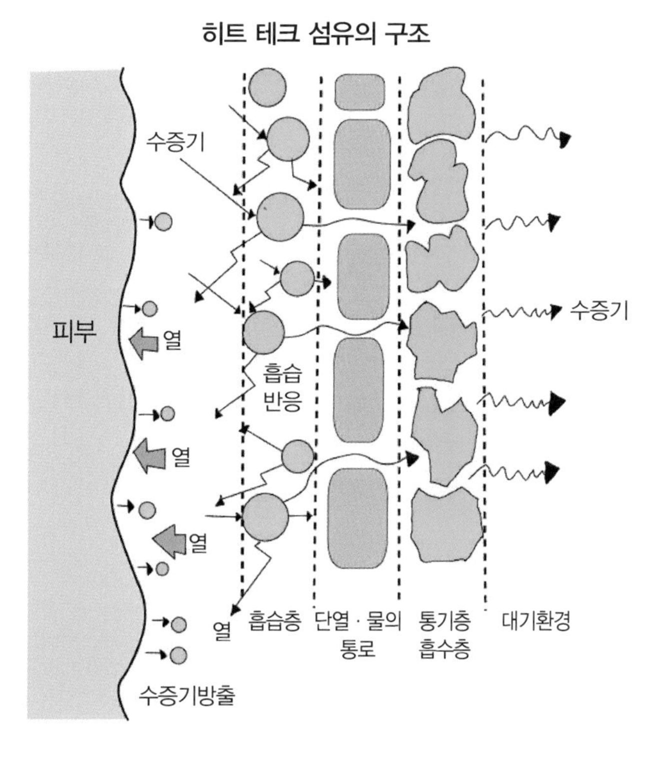

그림. 히트 테크 섬유는 피부에 닿는 흡습층, 그 바깥쪽으로 수분만 통과시켜 열을 차단하는 층, 그리고 그 물을 흡수해 대기로 방출하는 통기층으로 구성되어 있습니다.

2-10 어떤 윈드브레이커를 선택해야 할까?

추운 바람으로부터 체온을 유지하는 방법 중 하나는 윈드브레이커 등으로 바람을 차단하는 것입니다. 차가운 바람의 속도가 초속 1m씩 증가할 때마다 사람이 느끼는 체감 온도는 1℃ 정도 내려간다는 경험법칙이 있는데, 저온일 때는 체감 온도의 저하가 더 심해져 습도도 관계가 있다는 경험식이 있습니다. 이 경험식에 따르면 기온 5℃에서 초속 5m의 바람이 불면 습도 60%에서는 -6.2℃, 습도 80%에서는 -7.5℃로 느낀다고 합니다. 이는 바람에 의한 공기의 흐름(유속)에 따라 억지로(강제로) 물체에서 열을 빼앗는 강제 대류 열전달에 의해 몸에서 열을 빼앗기기 때문입니다.

체감 온도 -29℃부터는 생명에 지장이 생깁니다. 예를 들어 기온이 -5℃에서 습도가 90%, 풍속이 초속 15m의 조금 강한 바람이 불면 체감 온도가 -29.1℃가 된다는 계산이 나옵니다. 인간의 몸에서 발산하는 열 중 절반은 머리에서 빠져나가기 때문에, 모자를 착용하면 효과적으로 추위를 피할 수 있습니다.

다만 사람이 착용하는 의류에 바람 차단 기능만을 고려해서는 안 됩니다. 바람만 차단하는 것이라면 비닐도 상관없지만, 인체는 발열체이기도 하기 때문입니다.

오히려 체온을 유지하는 기능만 있다면 따뜻함은 충분히 확보할 수 있습니다. 인체는 항상 발한으로 수분을 내보내고 있기 때문에 적당한 보온과 보습 기능이 윈드브레이커의 최소 조건입니다. 땀이 증발하여 수증기가 됐을 때 물 입자 크기는 0.0004μm 정도로 안개비의 물방울 0.1mm와 비교하면 약 25만분의 1 크기입니다. 즉 땀의 수증기는 빠져나갈 수 있지만 안개비는 통과할 수 없는 크기의 구멍이 다수 있는 막을 최대한 저렴하고 간단하게 만들 수 있으면 됩니다. 공기 분자가 통과할 수 있으면서도 물 분자는 통과할 수 없는 크기의 구멍을 만들어낼 수 있다면 충분한 단열 효과를 기대할 수 있을 것입니다. 또한 땀을 빨리 흡수하고 증발시킬 수 있도록, 해당 층을 피부가 닿는 곳에 배치하여 사람이 계속 쾌적하게 착용할 수 있도록 하는 것이 중요합니다.

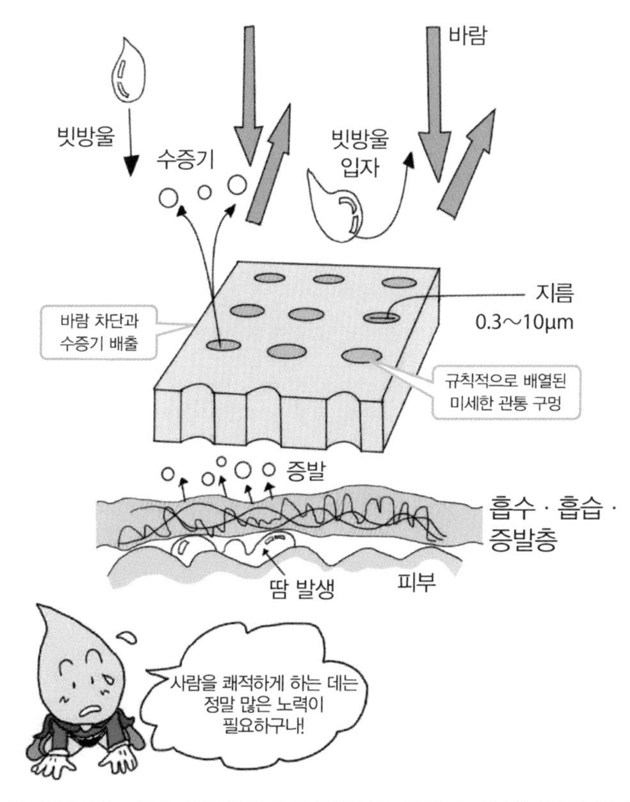

그림. 바람만 차단할 거라면 비닐로도 충분하지만 인체에서 나가는 열과 땀에 대한 대책이 필요합니다. 이를 해결하기 위해 수증기가 빠져나갈 수 있는 지름 0.3~10μm의 구멍을 다수 만들었습니다. 또한 이 미세한 구조에 더해 경로를 복잡하게 만듦으로써 바람의 침입을 최소한으로 줄여 바람을 차단할 수 있습니다.

2-11 니크롬선에 전류를 흘려보내면 왜 발열할까?

일반적으로 전기가 흐르는 금속이나 반도체를 도체라고 합니다. 도체에도 전기가 잘 흐르는 것과 그렇지 않은 것이 있으며 도체에 전류를 흘려보내면 반드시 열이 발생합니다.

전류가 잘 흐르는지에 대한 여부는 전기 저항의 크기로 나타내는데, 일반적으로 저항치를 사용하며 단위는 Ω(옴)입니다. 전류가 열로 바뀌는 이유는, 전류(전자)가 물질 안을 빛의 속도로 이동할 때 금속 원자의 열 진동이나 결정의 결함이 그 진로를 방해하여 운동 에너지를 잃기 때문입니다. 이때 손실된 운동 에너지가 물질 안에서 열로 바뀝니다. 이것이 전류에 의한 발열로 줄열이라고 부르며 이는 교류와 직류 모두 동일합니다.

가전제품에는 전원 코드가 연결되어 있습니다. 전원 코드는 여러 줄을 꼬아서 다발로 만든 얇은 동선에 비닐 등의 절연물을 씌워 만듭니다. 왜 전원 코드는 가전을 사용할 때도 뜨거워지지 않을까요? 이는 전류가 흘러도 전선의 저항치가 작아서 쉽게 열로 바뀌지 않기 때문입니다. 저항의 크기는 금속 소재의 종류에 따라 다릅니다. 또 선의 길이에 비례하여 커지고 단면적에 반비례합니다. 니크롬선 소재의 전기 저항은 단위 단면적($1m^2$), 단위 길이(1m)에 대한 저항치로 Ωm(옴미터)로 나타내는데 이는 동의 저항치의 약 65배에 이릅니다.

니크롬선은 니켈(Ni)과 크롬(Cr)을 일정 비율(예를 들면 니켈 80%, 크롬 20%)로 섞어 녹여서 굳힌 것입니다. 니켈이나 크롬은 우리 주변에서 사용되는 도금 원료로, 잘 녹슬지 않고 안정적이며 안전한 금속입니다. 합금의 녹는점은 1,430℃라서 500~600℃ 정도의 가열 용도로 사용됩니다. 전기 제품으로는 취급이 간편하고 온도 설정도 정확해서 편리합니다. 전열기 이외에 전기 토스터나 전기 오븐 등에도 사용됩니다.

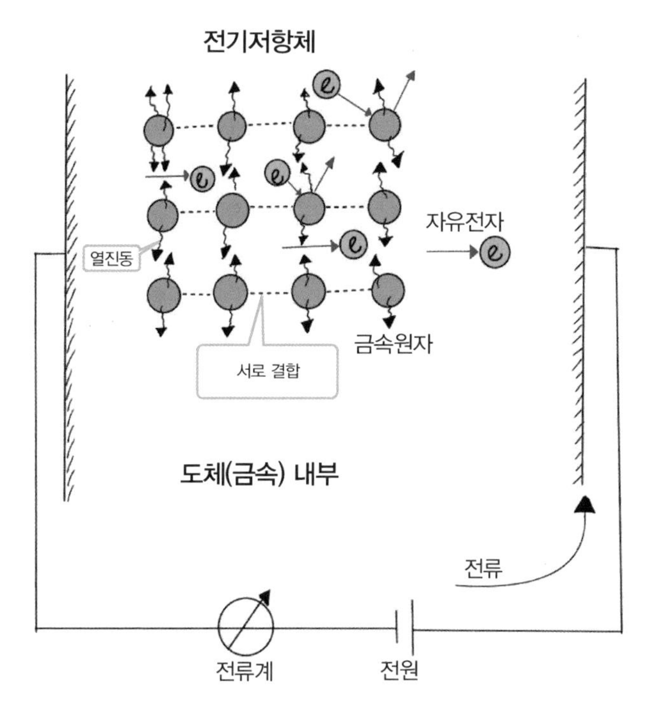

그림. 금속은 규칙적으로 배열된 원자가 열에 의해 진동하기 때문에 자유 전자와 부딪치고 이것이 전기저항이 되어 발열의 원인이 됩니다. 온도가 올라가면 저항치가 높아지는 것이 금속의 특징입니다. 금속의 종류에 따라 저항이 바뀌는 것은 금속을 구성하는 원자의 배열이 다르기 때문입니다. 저항치가 낮은 금속은 은, 동, 금, 알루미늄 순이라서 전선에는 비용이나 자원을 고려해 동을 사용합니다.

2-12 화재 발생 시 안전한 대피 방법은?

화재가 발생했을 때는 '어디에서 불이 났는지', '무엇이 타는지'를 아는 것이 굉장히 중요합니다. 그리고 우선 자신의 안전을 확보해야 합니다.

실내에서 화재가 발생하면 불은 주위로부터 대량의 산소를 빼앗아 일산화탄소를 포함한 유해 가스와 공기보다 무거운 이산화탄소를 내뿜습니다. 신선한 공기를 맡기 위해 자세를 낮추고 머리와 얼굴을 보호하며 한시라도 빨리 화재 장소에서 벗어나야 합니다.

실외에 있는데 대규모 화재가 발생했을 때는 떨어지거나 날아오는 사물에 주의하며 당황하지 말고 발화 지점에서 바람이 불어오는 쪽을 향해 벗어나야 합니다.

화재를 초기에 진압할 때는, 타고 있는 것이 기름일 수도 있기 때문에 먼저 연소 조건 중 하나인 산소의 공급을 차단하는 것이 제일 중요합니다. 이때 비교적 불에 잘 타지 않는 모포나 이불 등으로 불 전체를 덮어야 합니다. 화재 진압을 위해 얇은 나노 파이버 섬유로 만들어 개발한 소화포라는 천도 있습니다.

사람이 대피할 때 움직일 수 있는 온도는 40~50℃까지로 알려져 있습니다. 일반적인 화재 발생을 가정하고 계산했을 때 2분 만에 공기 온도가 50℃까지 올라갈 수도 있다고 하니 최대한 빠르게 행동하는 것이 좋습니다. 기체(공기나 연소가스)는 절대온도에 비례하여 부피가 커지는 만큼 가벼워지기 때문에 뜨거운 가스와 연기는 위쪽으로 올라갑니다. 따라서 자세를 낮추는 것이 중요합니다. 바닥과 가까운 곳, 그리고 벽면의 낮은 곳에는 신선한 공기가 남아 있을 가능성이 높습니다. 당연히 그 부근은 연기의 농도도 낮기 때문에 시야도 상대적으로 괜찮을 것입니다.

종이의 열전도율은 공기보다 2배 정도 낮아서 종이 한 장은 잘 타지만 신문처럼 열 장 이상이 겹쳐 있는 경우엔 열이 잘 전달되지 않습니다. 따라서 산소도 공급되지 않기 때문에 목재를 태울 때처럼 겉만 타고 전체는 잘 타지 않습니다. 그러니 신문지 여러 장을 물에 적셔서 머리를 덮기만 해도 도움이 됩니다. 수분 보충 또한 잊어서는 안 됩니다.

대규모 화재가 발생할 경우, 불길이 번지는 속도는 아무리 빠르더라도 사람이 걷는 속도의 1/10이니 당황하지 말고 대피하면 됩니다.

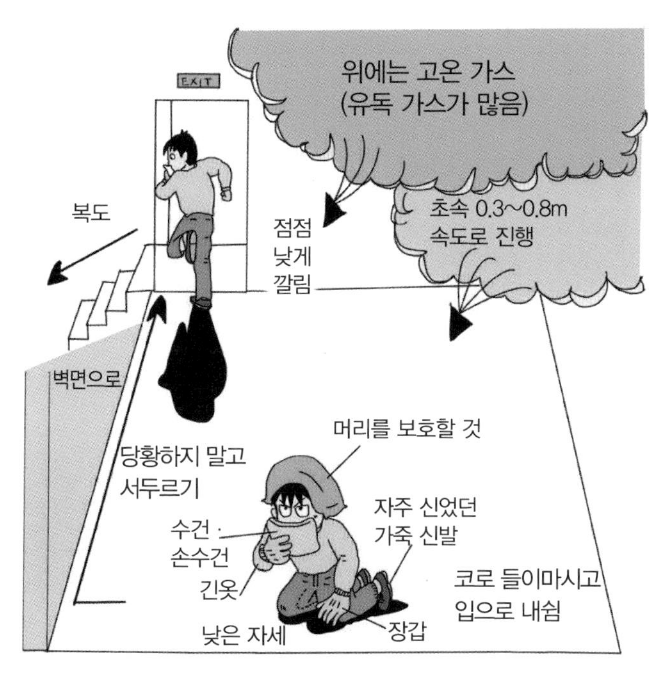

그림. 언제 어디서든 화재가 발생했을 때는 고온의 공기나 연기가 퍼지는 방향을 예측해서 입을 수건으로 덮고 머리를 보호하며 낮은 자세로 벽을 따라 탈출합니다.

2-13 라디에이터는 어떤 역할을 할까?

라디에이터는 자동차의 엔진 케이스를 냉각하기 위해 사용되는 방열기입니다. 방열기의 역할은 엔진이나 공기압축기 또는 난방장치 안에서 발생한 열을 다른 곳으로 이동시켜 방출하는 것입니다. 열을 이동시킬 때는 먼저 액체나 기체로 바꿔야 하는데, 이러한 구조의 기기를 열교환기라고 합니다.

이런 번거로운 과정을 거치지 않고, 발생한 열을 바로 대기 등 주변 환경으로 방출하면 되지 않을까 하는 의문이 있을 수도 있습니다. 그런데 열 발생원의 주변에 공간적인 제약이 있을 때는 그렇게 할 수가 없습니다. 그래서 우선 열을 액체로 바꾼 다음 그 액체를 쉽게 방열할 수 있는 환경으로 유도해 그곳에서 방열해야 하는 것입니다. 이 방식에서는 발생 열원의 용기를 일정한 온도로 조절할 수 있어서 장치의 성능을 안정시키고 내구성을 높이는 것이 가능합니다.

엔진으로 구동하는 일반 승용차의 라디에이터를 예로 들어 보겠습니다. 엔진의 케이스를 적정한 온도로 유지하려면 남은 열을 냉각수로 이동시키고, 그 열을 냉각 펌프를 이용해 라디에이터로 옮겨 대기로 방열해야 합니다. 방열에 의해 냉각된 냉각수는 순환하여 다시 엔진의 냉각에 사용됩니다. 한랭지와 같은 추운 지방에서도 사용할 수 있도록 냉각수에는 부동액(에틸렌글리콜) 30%를 함유한 수돗물이 사용되며, 방식제나 소포제도 미량 섞여 있습니다. 배기량에 따라 다르지만 승용차의 경우 일반적으로 라디에이터에서 약 30%의 열을 방출합니다. 엔진에 들어 있는 냉각수의 온도는 80~83℃ 정도이고 1분마다 100~200리터가 순환합니다. 온도가 상승한 순환 냉각수는 핀이 다수 장착된 라디에이터 내의 냉각 플레이트나 관을 통과하는데, 그곳에서 팬으로부터 강제로 유입된 공기에 의해 냉각됩니다.

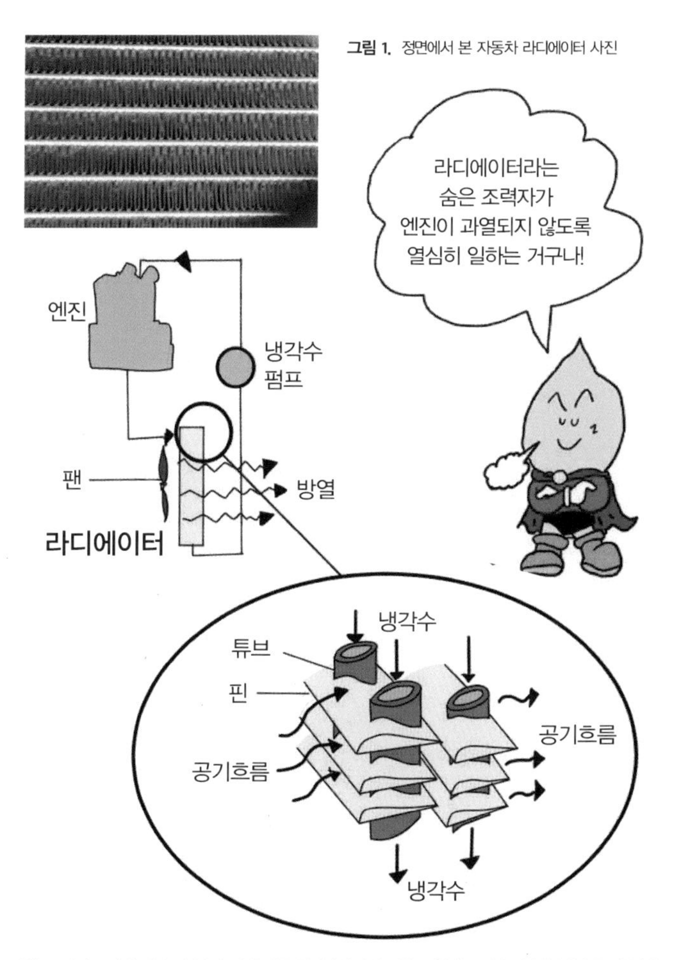

그림 1. 정면에서 본 자동차 라디에이터 사진

그림 2. 바깥 공기와 엔진 냉각수가 강제 대류 열전달에 의해 열을 교환하는 것이 라디에이터의 목적입니다. 공기의 열전도율은 물보다 1/20 정도로 낮기 때문에, 공기 쪽의 전열 면적을 크게 하는 핀 구조에 대한 다양한 연구가 진행되고 있습니다.

2-14 폐열을 재이용할 수 있을까?

사용된 열은 대부분 온도가 내려간 상태에서 밖으로 배출되는데, 이것을 폐열이라고 합니다. 열이 한 가지 역할을 수행했는데도 아직 온도가 높은 경우도 많습니다. 이 때문에 그 온도의 열을 다른 용도로 사용하는 것을 폐열 이용이라고 합니다.

휘발유나 경유를 연료로 하는 자동차의 경우 엔진에서 연료를 연소시켜서 구동력을 만들어냅니다. 그 후의 에너지는 밖으로 배출되어 폐열이 됩니다. 이때 폐열의 일부는 겨울에 난방용으로 이용되는데 이는 훌륭한 폐열의 이용 사례라고 할 수 있습니다. 자동차에서는 70% 정도의 폐열이 대기로 버려집니다. 이 때문에 자동차의 폐열을 더욱 효과적으로 이용하려는 연구개발이 진행되고 있습니다.

일본에서는 1인당 하루 평균 약 1kg을 생활 쓰레기로 배출하고 그중 75% 정도를 소각합니다. 1kg의 폐기물에는 약 0.3리터의 휘발유에 상당하는 에너지가 들어 있어서, 대형 소각장에서는 이전부터 소각할 때 나오는 열로 증기를 만들어 전기를 생산했습니다. 다만 중소 규모의 소각장에서는 아직 열이 재이용되고 있지 않습니다. 입지 조건이 좋은 경우에는 소각로를 냉각할 때 데워진 따뜻한 물로 수영장의 물을 데워 온수 풀로 활용합니다. 또 이 폐열로 온실을 만들어 채소나 과일, 화훼를 재배하는 데 활용합니다.

석유스토브나 장작 스토브로 난방할 때 물을 끓이는 것도 일종의 폐열 이용이라고 할 수 있습니다. 앞으로는 지금까지 버려졌던 폐열을 효과적으로 이용하는 것이 중요해질 것입니다.

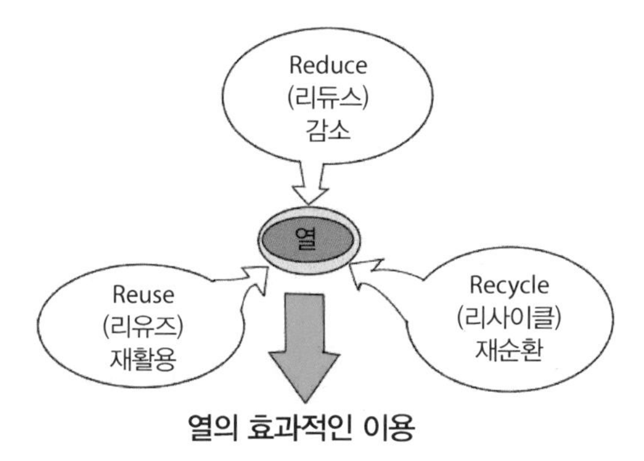

그림 1. 열을 효과적으로 이용하기 위해서는 열 이용 자체를 줄이고 재활용·재순환시키는 기술(3R이라고 함)이 확립되어야 합니다(p.128 칼럼 참조).

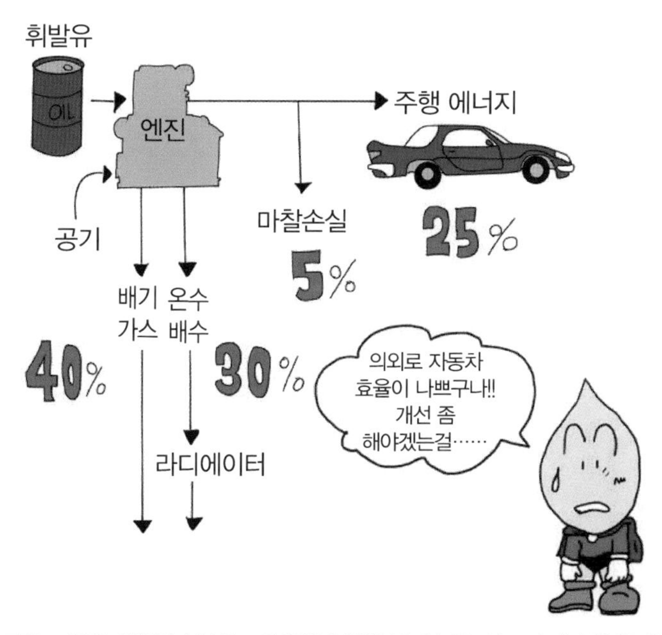

그림 2. 자동차는 휘발유의 에너지 중 25%만 유효하게 사용합니다. 에너지의 40%는 400℃에 가까운 온도의 배기가스로 대기 중으로 버려집니다. 이 열을 전기로 바꾸는 효과적인 방법이나 열의 이용에 대해 검토 중입니다.

2-15 냉방의 구조는?

물에 적신 수건을 적당히 짜서 선풍기 앞에 두면, 그곳을 지나온 바람은 훨씬 시원해집니다. 물을 머금은 수건에 선풍기의 바람이 닿으면 수분이 증발합니다. 증발하는 데는 큰 에너지가 필요하기 때문에 주변의 공기로부터 열을 빼앗습니다. 이때 수건의 틈에서 빠져나온 공기가 차가워지는 것입니다. 생활의 지혜이긴 하지만 매번 젖은 수건을 걸어두는 것은 번거롭기도 하고, 습도 문제도 있어서 그다지 추천할 만한 방법은 아닙니다.

에어컨의 쿨러(냉방)는 기본적으로 이 구조와 같습니다. 냉방에서는 0℃ 이하의 낮은 온도에서도 증발하는 매체를 사용합니다. 액체인 매체를 넣은 용기의 압력을 낮추면 액체는 증발하기 시작합니다. 이때 증발 잠열이라는 큰 열이 필요해서 주변으로부터 열을 빼앗습니다.

우선 매체 자체의 온도가 내려가고 그다음 용기의 열을 빼앗은 후에 외부의 열을 빼앗습니다. 주변에 공기가 있는 경우 그 공기는 냉각됩니다. 매체가 점점 증발하여 없어지면 거기에서 냉방 효과도 멈추게 되므로, 이를 방지하기 위해 이 공기를 식힌 증기를 재이용합니다. 이때 전기를 사용하여 압축합니다. 압축하면 매체 온도가 상당히 높아지기 때문에 이를 바깥 온도로 낮춰서 다시 액체 상태로 되돌리고 이 액체를 처음 용기로 돌려보내 순환시킵니다.

매체와 공기의 열을 교환하는 장치를 열교환기라고 하며 매체를 증발시키는 증발기가 열교환기의 일종입니다. 반대로 기체를 응축시켜 액체로 만드는 역할을 하는 장치를 응축기라고 합니다.

공기 자체는 기체인 상태에서 열을 교환하여 온도를 낮추는데, 이때 열에 비례하여 온도가 변화하기 때문에 습열 열교환이라고 합니다. 공기를 식히면 그 상태에서는 습도가 올라가기 때문에 냉방에서는 남은 수분을 제거하여 적절한 습도를 유지해야 합니다.

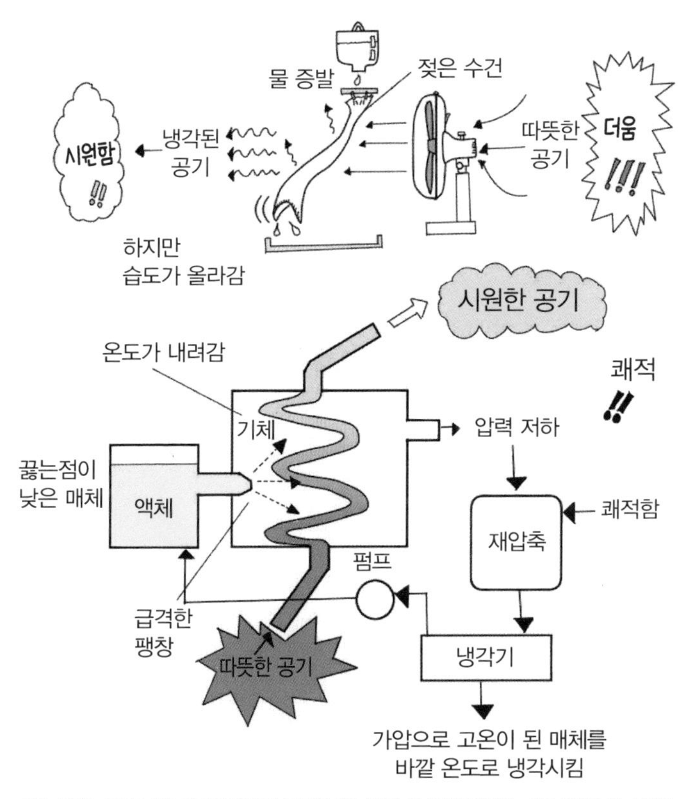

그림. 액체는 기체로 바뀔 때 주변으로부터 큰 열을 빼앗습니다. 이 원리를 이용하는 것이 냉방입니다. 특별한 매체를 사용하여 압력이 낮은 곳으로 내보낸 다음 기화하여 냉풍을 만듭니다. 이때 이용한 매체는 주변의 공기와 동력을 이용하여 액체로 되돌려 재순환시킵니다.

2-16 면 냉방이란?

에어컨처럼 냉풍으로 방을 시원하게 하는 것이 아니라, 천정이나 벽처럼 넓은 면으로 냉방 효과를 내는 것을 면 냉방이라고 합니다. 면 냉방은 평면이든 곡면이든 관계없이 어느 한 면 전체를 일정하게 시원한 상태로 만드는데, 한여름에 고드름 가까이 가거나 터널 안에 들어갔을 때 시원함을 느끼는 것과 같은 원리입니다.

우리는 체온을 열원으로 하여 전자파를 방출하는데 이 전자파는 파장이 4~30μm인 적외선입니다. 성인은 하루 평균 50~100W(와트)의 열을 방출하며 이를 열량으로 계산하면 1,000kcal(킬로칼로리) 정도 됩니다(50W인 경우). 열은 고온에서 저온으로 흐르는 성질이 있어서 고온의 전자파는 낮은 온도의 면을 향해 흘러 그곳에서 흡수됩니다. 이 때문에 방출한 열을 빼앗기면 바람이 불지 않아도 시원해지는 것입니다. 면 냉방은 원리적으로 공기의 흐름이 없는 상태라서 조용하고 먼지가 흩날리지도 않습니다. 또 균일성이 높다는 특징도 있습니다. 친환경적이면서 온화한 냉방 방식이라고 할 수 있는 면 냉방은 미술관이나 도서관, 고령자들이 이용하는 복지 시설이나 오피스 등에 적합합니다.

면 냉방을 효율적으로 이용하기 위해 일부에서는 지중 열이 활용됩니다. 깊이 수십 미터에서 백 미터 부근의 지하 온도는 우물물을 보면 알 수 있듯이 연중 14~15℃로 일정합니다. 이를 열원으로 할 경우 지중 열이라고 부릅니다. 여름에는 땅속 온도가 바깥 공기보다 훨씬 낮아서 바깥의 뜨거운 열을 땅속에 버리고 냉방할 수 있습니다. 이 방법은 큰 온도 차를 안정적으로 유지할 수 있기 때문에 많은 에너지를 절약할 수 있습니다. 도시에서 사용하면 폐열이 땅속으로 분산되기 때문에 열섬 현상을 억제하는 데에도 도움이 됩니다.

전혀 다른 방법으로는 다른 두 종류의 반도체를 연결하여 전류를 흘려보냈을 때 접합 부분의 한쪽 끝이 냉각되는 열전냉각을 이용한 면 냉방 시범 사례도 있습니다.

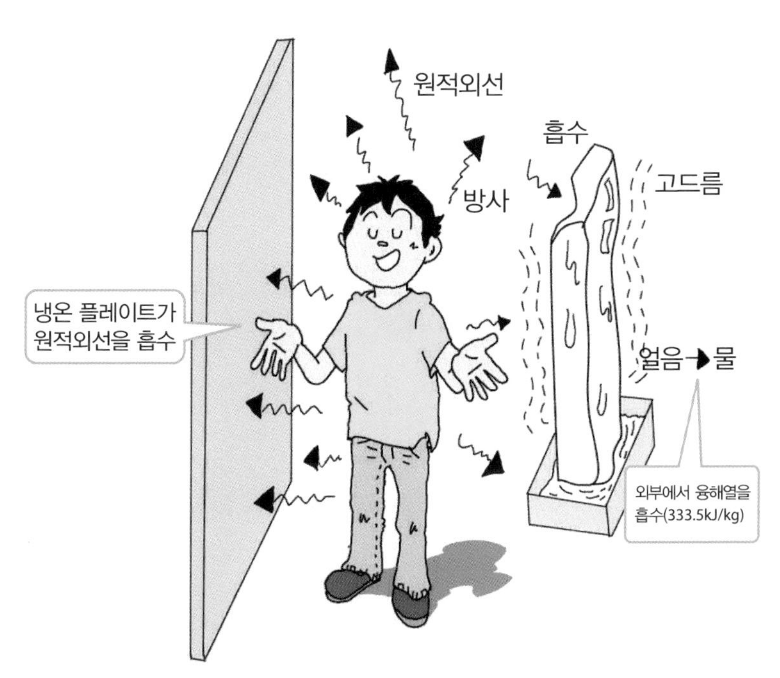

그림. 인체는 평균 36℃ 전후의 체온을 유지하기 때문에 최대 100W 정도를 원적외선으로 방열합니다. 파장은 4~30μm 정도이며 최대 에너지는 약 9μm입니다. 이 전자파는 체온보다 낮은 온도의 물체에 부딪치면 흡수되고 그만큼 열을 빼앗기기 때문에 시원해집니다. 이는 바람이 불어서 시원해지는 것과는 다른 원리입니다. 터널이나 동굴에 들어갔을 때 서늘한 것과 바람이 불어서 시원한 것과의 차이입니다.

2-17 언제 땅에 물을 뿌리면 좋을까?

땅에 물을 뿌리면 물의 증발열(기화열이라고도 함)이 주위를 냉각시키기 때문에 시원해집니다. 뜨거워진 지붕에 물을 뿌려 물의 증발열로 냉방 부하를 줄이는 것도 같은 원리입니다.

예전부터 사람들은 국자나 손, 물뿌리개 등을 사용하여 바닥에 물을 뿌려 왔습니다. 온도를 낮추기 위해 물을 뿌리기에 가장 좋은 장소는 그늘이나 식물입니다. 또, 실외에 물을 뿌리기 적당한 시간은 이른 아침과 일몰 직후입니다. 이른 아침에는 태양으로 인한 기온 상승을 완화해 주며 일몰 후에는 노상의 기온을 낮추면 밤에도 쾌적한 상태를 유지할 수 있습니다. 또 식물 잎 뒷면의 온도가 낮아서 이를 더 낮추면 주위와 온도 차가 커져서 더 시원해집니다.

반대로 점심때는 물을 뿌리면 안 됩니다. 노면 온도가 높아서 뿌린 물이 급격히 증발하여 기온을 내리기는 하지만 이와 동시에 습도까지 높아지기 때문입니다. 사람이 쾌적함을 느끼려면 기온이 높을 경우에는 습도가 낮아야 하고, 낮을 경우에는 오히려 습도가 높아야 한다고 합니다. 1g(1cc)의 물을 증발시키는 것만으로도 $1m^3$의 공기를 약 1.9℃ 낮출 수 있는 만큼 일상생활에 활용할 만한 가치가 있습니다.

주택이나 공장 지붕에 물을 뿌려서 온도를 낮추는 것은 지붕의 열이 천장 뒷면의 공기를 따뜻하게 하고 실내의 냉방 효과를 떨어뜨리는 것을 방지하는 데 목적이 있습니다. 그렇기 때문에 태양의 일조(일출에서 일몰까지) 시간에 물을 뿌리는데 이는 오히려 한낮의 강한 태양 에너지를 증발열로 완화하기 위함입니다. 계절이나 장소, 기후에 따라 다르지만, 도쿄 주변의 경우 물을 뿌리지 않는 지붕은 최고 40~65℃까지 오르는 것으로 알려져 있으며 살수 조건에 따라 5~6℃ 낮출 수 있습니다. 일조 시간에 맞춰서 뿌리는 물의 양을 조절하면 효과적으로 에너지를 절약할 수 있습니다.

그림. 물을 뿌릴 때 작은 물방울은 주변의 공기로부터 열을 빼앗아 증발하는데 이 증발열로 인해 온도가 내려가게 됩니다. 물을 뿌리는 시간대로는 일몰 직후와 이른 아침 시간이 적당하며 뒷마당이나 나뭇잎에 뿌리면 효과적입니다.

2-18 더울 때 셔츠를 입으면 시원할까?

더운 실내에서 살갗을 드러낸 채 있으면 땀이 피부 표면에서 증발하기 때문에 증발열이 몸의 열을 빼앗아 시원해집니다. 피부를 덮은 땀을 계속 닦아내면 증발열이 직접 피부를 시원하게 해 주지만, 땀을 닦아내지 않으면 땀이 표면 장력으로 피부를 덮어서 효율이 떨어집니다.

셔츠를 입으면 땀이 섬유의 작은 틈으로 스며들어 빨리 증발하고 또 피부 표면의 땀 양이 줄어들어 증발열이 효과적으로 몸을 식혀 줍니다.

셔츠의 재질은 면(코튼) 소재가 좋다고 합니다. 그 이유는 미세한 각각의 섬유 가운데가 비어 있고, 표면에는 셀룰로스라고 불리는 분자가 얇고 긴 사슬 모양으로 서로 얽혀 있어서 흡수성이 뛰어나기 때문입니다. 삼베도 면과 마찬가지로 흡수성이 뛰어나며 방열성도 우수합니다. 이러한 옷을 몸에 걸치면 밖으로 배출한 땀을 효과적으로 흡수하여 증발시키기 때문에 몸에서 열을 빼앗을 수 있습니다.

전선도 비닐로 피복되어 있습니다. 물론 전기를 절연해서 만져도 안전하도록 피복되어 있지만, 실은 피복된 전선이 열을 잘 방출해서 전선이 뜨거워지는 것을 억제하는 작용도 합니다. 전선은 땀을 흘리지 않기 때문에 방열이 목적이라면 전선에 무언가를 씌우지 않는 게 낫다고 생각될 수도 있지만, 비닐 피복은 전선의 열을 열전도 형태로 흡수하여 밖으로 방출합니다. 또한 방열할 수 있는 표면적이 훨씬 넓어져서 방열 효율도 좋아집니다.

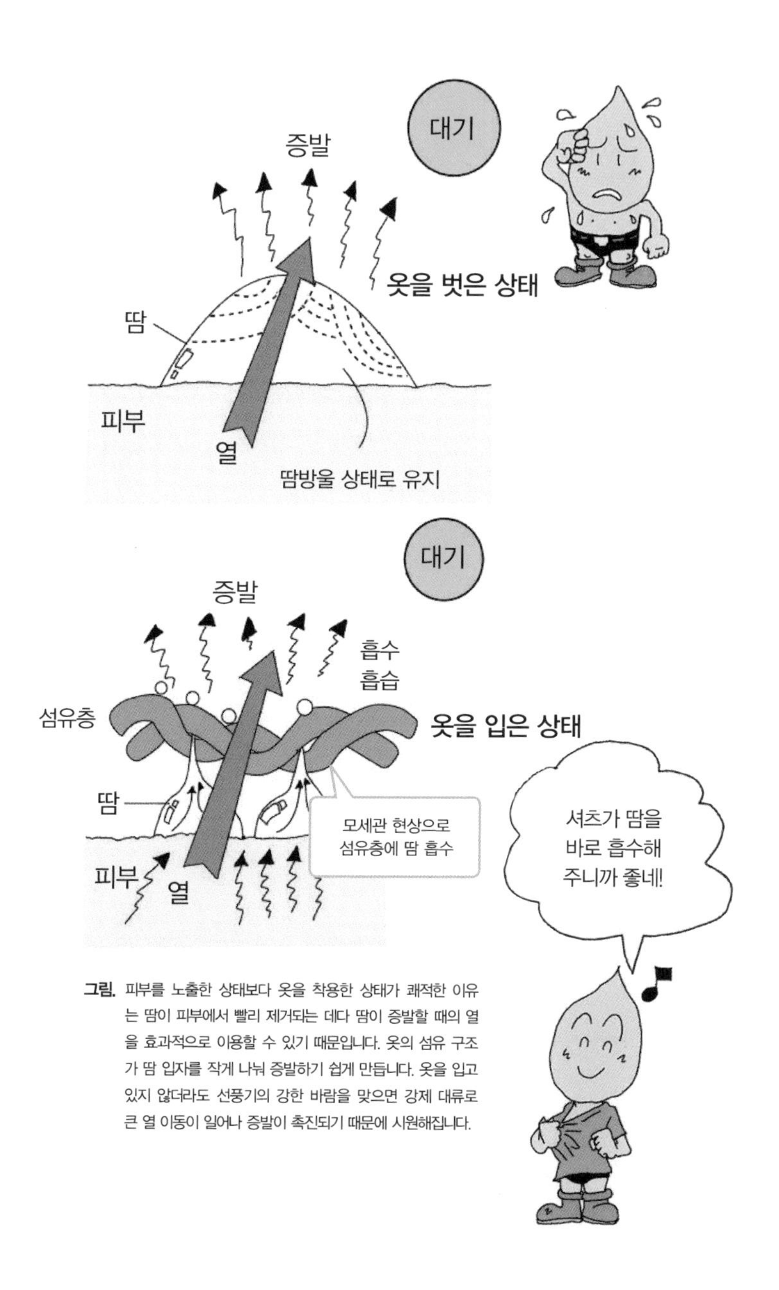

그림. 피부를 노출한 상태보다 옷을 착용한 상태가 쾌적한 이유는 땀이 피부에서 빨리 제거되는 데다 땀이 증발할 때의 열을 효과적으로 이용할 수 있기 때문입니다. 옷의 섬유 구조가 땀 입자를 작게 나눠 증발하기 쉽게 만듭니다. 옷을 입고 있지 않더라도 선풍기의 강한 바람을 맞으면 강제 대류로 큰 열 이동이 일어나 증발이 촉진되기 때문에 시원해집니다.

2-19 시원한 섬유란?

무더운 대낮에 땀투성이가 되면 휴대용 에어컨이 있으면 좋겠다는 생각이 듭니다. 그런데 최근에 착용하기만 하면 시원해지는 내의가 개발되었습니다.

지금까지 무더운 여름에 입는 대표적인 내의 소재는 면이나 삼베와 같은 천연 소재였습니다. 천연 소재는 확실히 흡습성이나 통기성이 뛰어나긴 하지만, 더위를 완벽히 쫓기엔 부족했습니다. 그래서 최근에는 발전한 합성 기술로 만든 화학 섬유가 주목받고 있습니다. 각 업체가 개발에 착수한 결과 천연 소재의 좋은 점만 도입하고, 가볍고 주름이 잘 생기지 않으며 오래 입을 수 있는 화학 섬유의 장점만 살린 천을 생산하는 데 성공했습니다.

에어컨의 시원한 바람이 없고 시원한 음식도 먹을 수 없는 상황에서 인간은 땀을 방출하여 체내의 체온 조절 기능을 작동시키려고 합니다. 단 이것만으로는 부족합니다. 쾌적하다고 느낄 정도가 되기 위해서는 첫째, 흘린 땀이 피부에 계속 끈적끈적 붙어 있지 않게 해야 하고, 둘째, 땀의 증발열을 피부로부터 빼앗아 효과적으로 체온을 내려야 하며, 셋째, 피부 표면이 끈적거릴 때는 이를 감지하여 통기성을 확보해야 합니다. 이 세 가지 기능을 갖춘 원단이 화학 섬유 기술로 탄생한 것입니다.

그 특징은 ① 요철 구조를 갖게 하여 피부와의 사이에 적당한 공간을 확보하고 ② 모세관 현상을 이용한 흡수·속건 구조로 땀을 빨리 흡수하여 증발시키며 ③ 발수성과 부드러움으로 다량의 땀이 섬유를 통과해 배출되게 하는 다층 구조의 다기능 화학섬유를 사용한다는 것입니다. 면섬유의 두께는 12~28μm인데, 이 화학 섬유는 0.7μm의 극세 섬유가 들어간 층으로 구성되어 있습니다.

피부가 땀을 흘리면 원단이 수분을 흡수하면서 늘어나 통기성을 높이기도 합니다. 이처럼 쿨 내의는 피부 상황에 따라 원단의 성질이 바뀌는 섬유로 만들어졌습니다.

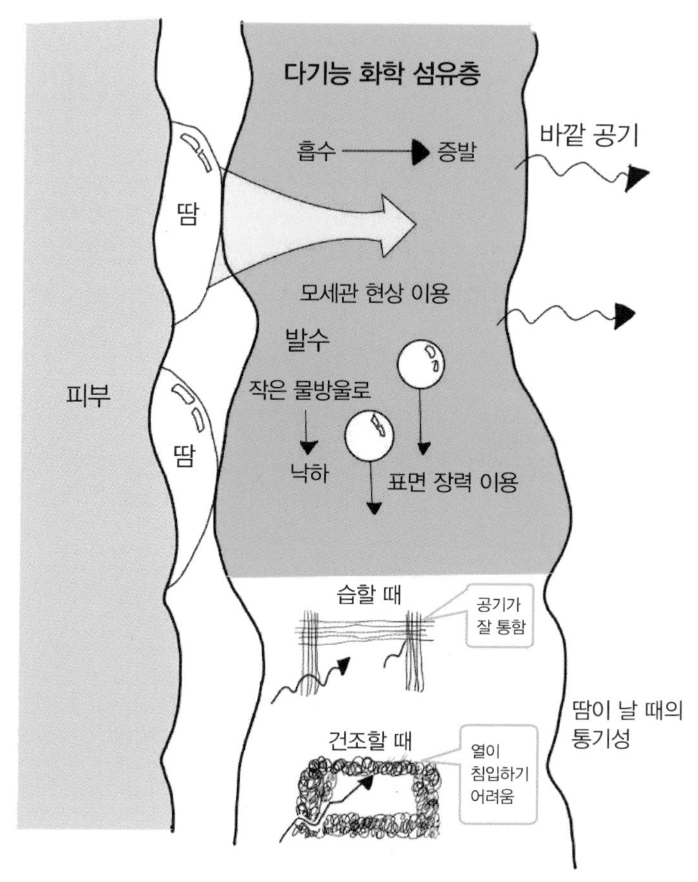

그림. 셔츠를 입으면 땀으로 방출한 수분을 재빨리 모세관 현상을 이용해 피부에서 분리한 다음 증발·소실시킵니다. 이와 동시에 증발열을 이용해 열을 빼앗습니다. 관리하기 힘들 정도로 다량의 땀을 배출할 때는 물을 튀기는 발수성으로 땀을 배출해 이를 표면 장력으로 분산시킵니다.

2-20 보냉제의 정체는?

이제 케이크 등을 포장할 때 드라이아이스를 사용하거나 열이 날 때 얼음 베개로 식히는 것은 옛날이야기가 되어 버렸습니다. 지금은 손바닥 사이즈에서부터 휴대폰의 반도 안 되는 크기의 차갑고 딱딱하게 얼린 보냉제를 사용합니다. 보냉제는 신선식품의 택배나 낚시로 잡은 생선의 선도 유지, 미용을 위해 피부를 차갑게 할 때 등 다양한 환경에서 이용됩니다.

부드러운 보냉 재료는 얼음 베개 대용으로 사용하거나 운동 후 케어를 위해 아이싱으로 사용하기도 합니다. 냉장고에 보관하면 여러 번 반복해서 사용할 수 있기 때문에 경제적이며 인체에 무해하여 가정이나 식품을 취급하는 곳에서는 필수품이 되었습니다. 차가움을 유지하기 위한 보냉제는 축냉제라고도 합니다.

보냉제는 고흡수성 폴리머입니다. 폴리머는 원래 중합체라는 의미이지만, 일반적으로는 고분자 유기 화합물을 가리키며 나일론이나 폴리에틸렌의 중간인 합성수지입니다. 고흡수성 폴리머는 물을 3차원의 그물코 구조 안에 넣을 수 있고 압력을 가한 정도로는 물이 새지 않을 만큼 흡수성이 견고합니다. 원래 중량의 10배 이상 흡수하는 것을 고흡수성이라고 하는데, 실제로는 100배에서 1,000배나 되는 순도가 높은 물을 흡수하는 것도 있습니다.

가장 많이 보급되어 사용되는 고흡수성 폴리머는 색이 없고 투명한 폴리 아크릴산 나트륨으로 만들어졌으며 약 100배의 물을 흡수합니다. 흡수한 상태에서 냉동실에서 얼리면 -18℃ 정도 되며 이 냉열을 보냉에 이용합니다. 기본적으로는 얼린 얼음과 다르지 않지만 그물코 구조에 들어가 분리되어 있어서 온도가 상승해도 냉열이 천천히 외부로 전달되기 때문에 물이 되어도 새어 나오지 않습니다. 이렇듯 그물코 구조가 무너지지 않기 때문에 계속 반복해서 사용할 수 있습니다.

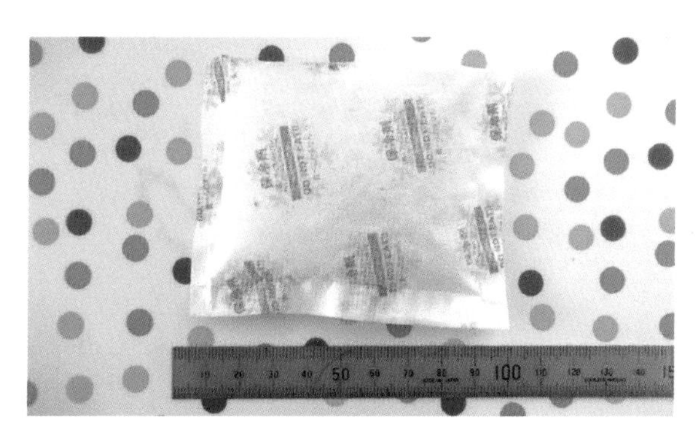

그림 1. 보냉제 사진

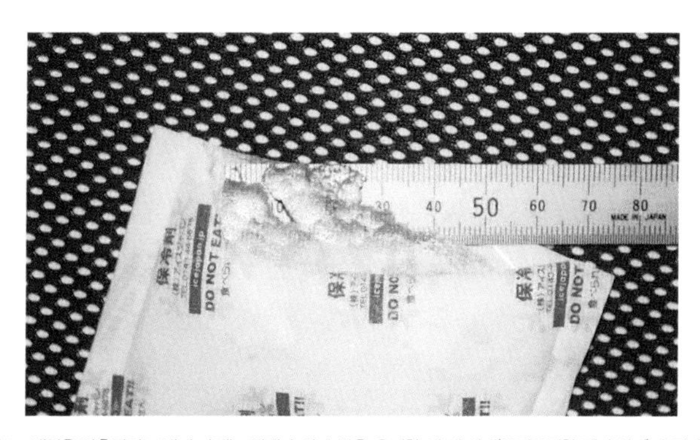

그림 2. 냉열을 방출하면 보냉제 자체는 액체가 된 수분을 유지한 채 겔 상태(끈적끈적한 젤리 상태)가 됩니다.

에너지의 형태

에너지 자체는 눈에 보이지 않지만 에너지의 형태는 열에너지, 기계 에너지, 화학 에너지, 전기 · 자기 에너지, 광 에너지와 핵에너지 여섯 가지로 분류할 수 있습니다.

이 중에서 열에너지는 기체나 액체의 입자를 운동시키고, 고체의 결정을 진동시킵니다. 이와 동시에 열은 전자파로 모습을 바꿔 열을 방사합니다. 열에너지의 특징은 그 입자의 속도나 방향이 불규칙하고 제각각이라는 점입니다. 그런데 신기하게도 입자의 움직임은 특정 온도, 입자 무게와 관계가 있는 분포칙(마스크웰 분포칙)에 모든 물질이 종속되어 있다는 것을 알 수 있습니다. 또 온도에 따른 전자파의 파장 분포도 정해져 있는데 이를 플랭크 법칙이라고 합니다.

기계 에너지에는 직진 · 회전 운동 에너지, 위치 에너지, 압력 차 에너지 형태가 있습니다. 화학 에너지는 분자의 결합 에너지로 각각의 분자나 원자의 변환에 의해 화학 반응을 일으킵니다. 또 농도 차 에너지와 같은 형태도 있습니다. 전기 · 자기 에너지는 마이너스 전하를 띠는 전자 운동에 의해 전기적인 현상을 일으킵니다. 또 자석에서 볼 수 있는 현상도 일으킵니다. 광 에너지는 가시광선 영역에 있는 전자파적인 파도가 갖는 성질과, 광자라고 하는 무게가 없는 입자적인 기능이 있습니다. 핵에너지는 원자핵을 구성하는 양자와 중성자의 변환에 의해 생기는 에너지로 방사선이라고 하는 알파 입자, 벡터 입자, 감마선이 그 에너지를 담당하고 있습니다.

주방에서 활용하기 좋은 열 사용법

조리는 열을 얼마나 잘 사용하느냐가 중요합니다.
열의 성질을 알면 작은 아이디어로 요리 재료의
장점을 극대화할 수 있습니다

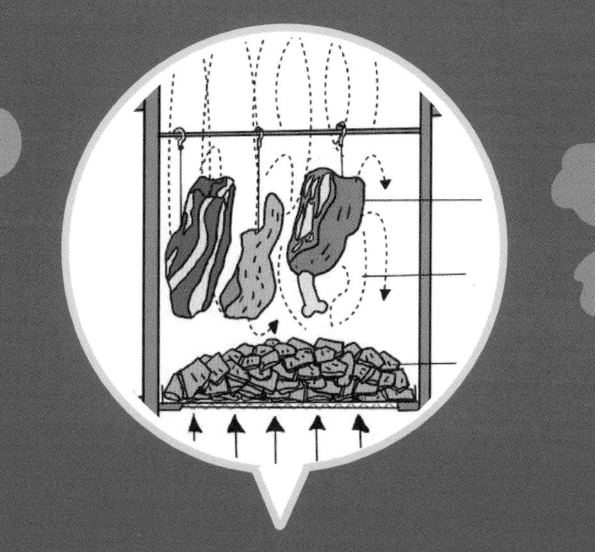

3-1 '구이' 요리의 장점은?

'요리 재료를 구워먹는다'는 것은 단순히 생명 유지를 위한 행위가 아니라 '맛있게 먹는다'는 식문화의 시작입니다.

식재료를 굽는 이유는 맛을 위함이기도 하지만, 육류를 굽는 것은 살균과 소독에도 중요한 역할을 합니다. 세균은 단백질이 확실히 변질하는 60℃ 이상에서 사멸하지만 O-157은 75℃ 이상, 맹독인 보툴리누스균은 98℃ 이상이 되어야 사멸한다고 합니다.

조리를 위해 굽는 방법에는 불에서 열 방사되는 적외선을 직접 재료에 쬐서 직화로 굽는 방법(석쇠 구이, 꼬치구이, 토스터), 재료를 불로 가열한 금속판(주로 철판) 위에 올려놓고 열방사와 열전도로 굽는 방법, 철판에 뚜껑을 덮고 열대류를 이용하는 등의 복합적인 열전달 방식을 적용해 간접적으로 굽는 방법(프라이팬 구이, 철판구이, 오븐구이, 포일 구이)이 있습니다.

단백질은 온도를 높이면 58℃에서 굳기 시작하여 60℃에서 완전히 굳고 68℃ 정도에서부터 수분과 분리되기 시작하여 육즙이 나옵니다. 재료의 표면을 고온에서 굳혀 육즙을 안에 가둘 수 있다는 점이 구이 요리의 가장 큰 특징입니다. 육류의 열전도율은 물의 70~80% 정도라서 비교적 열이 내부로 잘 침투합니다. 물론 재료의 내부 온도를 확인하는 것도 중요합니다.

구이 요리 시 가열 속도를 바꾸면 세포의 수축이 바뀌는 점을 이용하여 천천히 가열함으로써 육즙이 풍부한 식감을 즐길 수 있는 등 요리 재료의 식감 또한 조절할 수 있습니다. 요리할 때 재료의 특징을 얼마나 잘 살려내느냐는 요리사의 실력(아이디어)에 따라 달라진다고 할 수 있습니다.

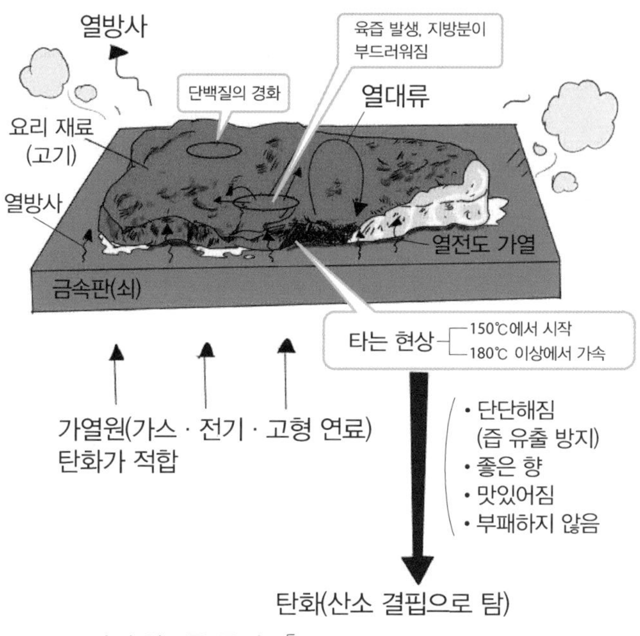

그림. 구이 요리 시에는 천천히 가열할 수 있는 가열 원을 이용하는 것이 바람직합니다. 표면이 가열되어 내부로 열이 전달되면 단백질의 경화, 지방분의 연화, 수분의 배출 현상이 일어납니다. 표면은 서서히 굳다가 150℃ 정도에서부터 노릇해지는 부분이 생깁니다. 노릇해지면 풍미나 향을 배가시켜 내부의 풍미를 가둬두기도 합니다. 산소가 부족한 상태에서 가열할 때는 심하게 탈 수도 있으니 주의해야 합니다.

3-2 비장탄으로 구우면 맛있어지는 이유는?

숯불 구이 하면 비장탄(너도밤나뭇과 일종)이 떠오르는데, 숯불로 구웠을 때 맛있어지는 이유는 화력이 강한 데다 원적외선에 의한 열방사로 오랜 시간 동안 천천히 안정적으로 굽기 때문입니다.

비장탄은 1,000℃ 이상의 고온에서 탄화한 떡갈나무나 노송나무 등을 재와 흙을 섞은 것으로 감싸 천천히 식혀서 만든 숯입니다. 수분이 적은 것이 특징으로, 기슈(지역명) 비장탄인 졸가시나무의 경우는 94.2%가 탄소(C)라는 분석 결과도 있습니다. 발열량도 1kg당 30000KJ로 코크스(해탄) 수준의 화력을 자랑합니다. 1,000℃까지 안정적으로 열을 내다가 재로 덮이면 장시간 500℃를 유지합니다. 이렇게 안정적으로 열방사 할 수 있어서 요리 재료를 맛있게 구울 수 있는 것입니다.

구이 초반에는 고온인 1,000℃의 적외선(최대 에너지 파장이 2μm 부근)으로 요리 재료의 표면을 바싹하게 굽고, 안쪽에 있는 풍미 성분을 가둔 다음 숯에 재가 쌓이면 열방사 화력이 약해져 파장 4~7μm가 피크인 원적외선을 방사합니다. 열방사는 파장이 긴 만큼 요리 재료 깊숙이 침투할 수 있습니다. 대부분의 열은 열전도를 이용해 고온인 표면에서 내부로 전달하는데 원적외선이 직접 침투하게 되면 맛이 좋아집니다.

현미경으로 비장탄의 단면을 관찰하면, 소수의 0.1mm 정도 되는 얇은 관과 다수의 수 μm의 미세한 공동(작은 구멍)으로 구성되어 있음을 확인할 수 있습니다. 그 구멍을 통해 산소와 연료인 탄소가 구석구석에까지 들어가 깔끔하게 연소할 수 있습니다.

주성분이 메탄가스(CH_4)인 도시가스는 연소하면 이산화탄소(CO_2)와 수증기(H_2O)가 됩니다. 이 수증기가 요리 재료의 차가운 부분에 닿아 응축하게 되면 물로 바뀌면서 달라붙게 되는데 이로 인해 재료의 맛이 손상됩니다. 탄화 작용을 이용하면 이러한 현상을 최소화하여 재료 본연의 맛을 낼 수 있습니다.

숯의 단점은 고체 연료라서 불을 피우는 데 시간이 걸린다는 점으로, 화력이 안정될 때까지 1시간 정도 걸립니다. 이 과정에서 일산화탄소(CO)와 같은 유독가스를 발생시킬 수 있기 때문에 실외 등 환기가 가능한 장소에서 사용하는 것이 중요합니다.

그림 1. 비장탄의 외관. 숯끼리 부딪치면 금속음이 나며 경도는 철과 비슷합니다. 숯의 내부에는 작은 구멍이 많아서 주위의 수분 등을 흡수하기 쉬운 성질을 이용해 소취제 등으로도 활용됩니다.

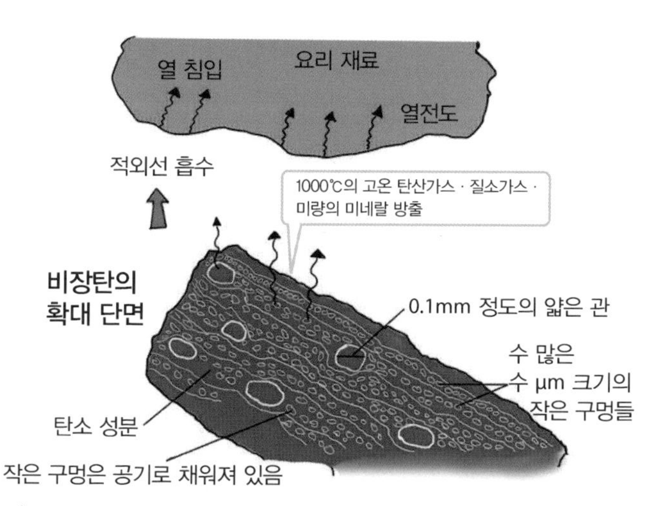

그림 2. 비장탄의 미세 구조에 의해 연료인 탄소와 공기와의 접촉이 밀착되어 깔끔하게 연소합니다. 1,000℃의 적외선이나 숯에 재가 쌓인 상태의 원적외선 효과를 이용해 요리 재료를 안정적으로 가열할 수 있습니다.

3-3 '찜' 요리의 장점은?

찜 요리는 요리 재료를 약 100℃의 수증기로 고르게 가열해서 조리하는 방법입니다. 가스나 전기를 열원으로 물을 끓여 발생한 증기가 요리 재료 전체를 감싼 상태로 일정 시간 가열합니다. 물의 끓는점은 1기압에서 100℃입니다. 온도가 상승하면 액체에서 기체로 바뀌는 이유는 액체 상태의 물 분자를 연결하고 있던 로프 같은 것이 끊어져 분자들이 각각 흩어지기 때문입니다. 이것이 바로 수증기 상태입니다. 로프를 끊기 위해서는 큰 에너지가 필요한데 이 에너지를 증발 잠열이라고 합니다. 물이 끓을 때 에너지는 액체 상태인 물 분자의 연결을 끊기 위해서만 사용되기 때문에 물 자체의 온도가 상승하지는 않습니다. 이처럼 온도는 그대로인데 상태가 크게 변화하기 때문에 '잠열'이라고 합니다. 이 증기가 큰 에너지를 보유하고 있다는 점과 온도가 상승하지 않는다는 점을 조리에 이용하면 좋은 점이 있습니다.

첫 번째, 요리 재료를 100℃ 이하에서 가열할 수 있어서 단백질이나 비타민, 무기질이 재료에서 소실되는 것을 최소화할 수 있습니다. 두 번째, 부드러워서 잘 부서지는 요리 재료를 옮기지 않고도 고르게 가열할 수 있습니다. 세 번째, 증기는 물로 되돌아갈 때 증발 잠열을 응축 잠열이라는 형태로 방출하기 때문에 조리 시간이 짧고, 또 재현성이 높은 조리가 가능해서 실패율이 낮습니다.

조리 시에는 증기를 만들어내는 부분을 비운 채 가열하지 않도록 주의해야 합니다. 또 증발원과 요리 재료의 거리가 너무 가까우면 증발 전 고온의 물이 재료에 닿아 제대로 찔 수가 없습니다.

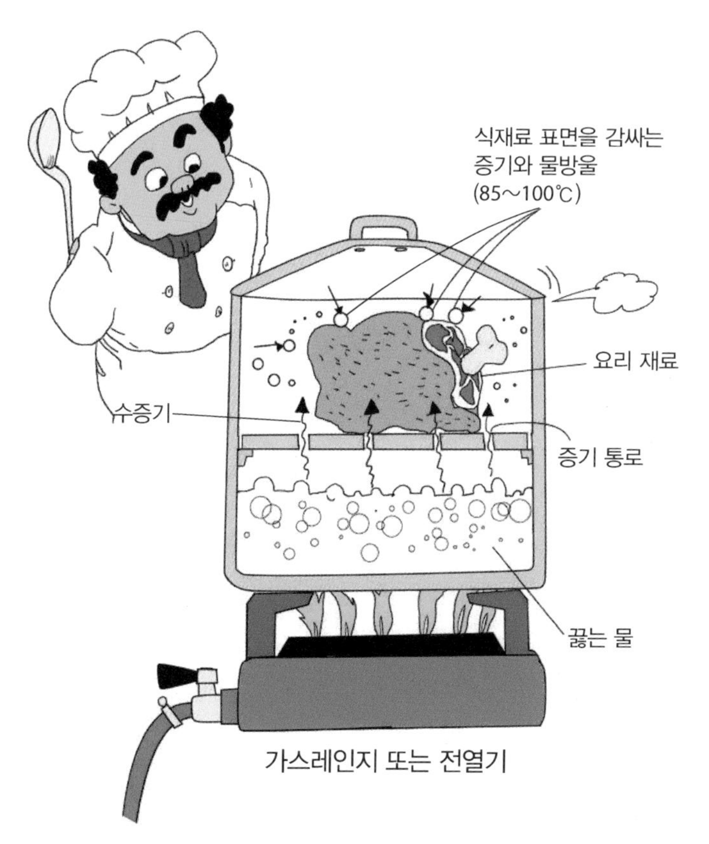

그림. 찜 요리의 재료는 수증기와 작은 물방울에 둘러싸여 있습니다. 이는 수증기의 일부가 주변으로부터 열을 빼앗겨 액체가 되고 이 액체가 작은 물방울 상태로 잠재해 있기 때문입니다. 이 상태를 효과적으로 이용하면 조금 낮은 온도(85℃ 정도)에서도 찜 요리를 할 수 있습니다.

3-4 증발과 끓음의 차이점은?

증발과 끓음은 액체에서 기체로 물질의 상태가 바뀐다는 점에서 같습니다. 변화가 일어날 때 증발 잠열이 필요하다는 점도 같습니다. 하지만 증발은 열이 공급되는 한 액체와 기체가 만나는 표면에서 발생하고 끓음은 액체가 기체로 바뀌면서 작은 기포가 생기는 현상이라는 점이 다릅니다.

물을 예로 들어 보겠습니다. 물은 공기와 만나는 수면에서 증발합니다. 주변의 기압과 물의 온도에 따라 수면의 물 분자가 액체에서 증기로 바뀌어 서서히 대기로 날아갑니다.

한편 끓음은 물속에서 액체가 기체(수증기)로 바뀌는 현상입니다. 작은 공기 입자나 먼지 같은 미세 입자가 물속에 들어 있으면 물의 구조가 흐트러지면서 물 분자가 쉽게 분리될 수 있는 상태가 되고, 증발할 수 있는 온도가 되면 상변화를 일으키기 시작합니다. 주변의 물로부터 열을 받아 점점 액체 구조를 무너뜨려 작은 수증기 거품이 발생합니다. 지름이 수 mm인 기포가 되면 부력을 얻어 위로 떠오르며 물속에서 상승하는데 작은 기포가 보글보글 솟아오르는 것을 핵 끓음이라고 합니다.

그럼 공기가 들어 있지 않은 깨끗한 물을 고온으로 가열하면 어떻게 될까요? 물속에 작은 기포의 핵이 되는 고체 입자 같은 것이 없어서 에너지만 흡수하여 액체 상태로 머무르는 과가열 상태가 됩니다. 과가열 상태가 되면 예고도 없이 갑자기 커다란 기포가 생기면서 표면으로 튀어나오기 때문에 매우 위험합니다. 이것을 범핑이라고 하며 이 범핑을 방지하기 위해 경석이나 옹기 조각처럼 작은 구멍이 많은 물체(끓임쪽)를 이용합니다. 이는 끓임

쪽에 있는 작은 공기 입자를 기점으로 물이 끓도록 하기 위함입니다.

액체가 기체로 바뀌는 상변화에서는 큰 부피 변화를 일으키는데 물의 경우에는 약 1,600배에 달합니다.

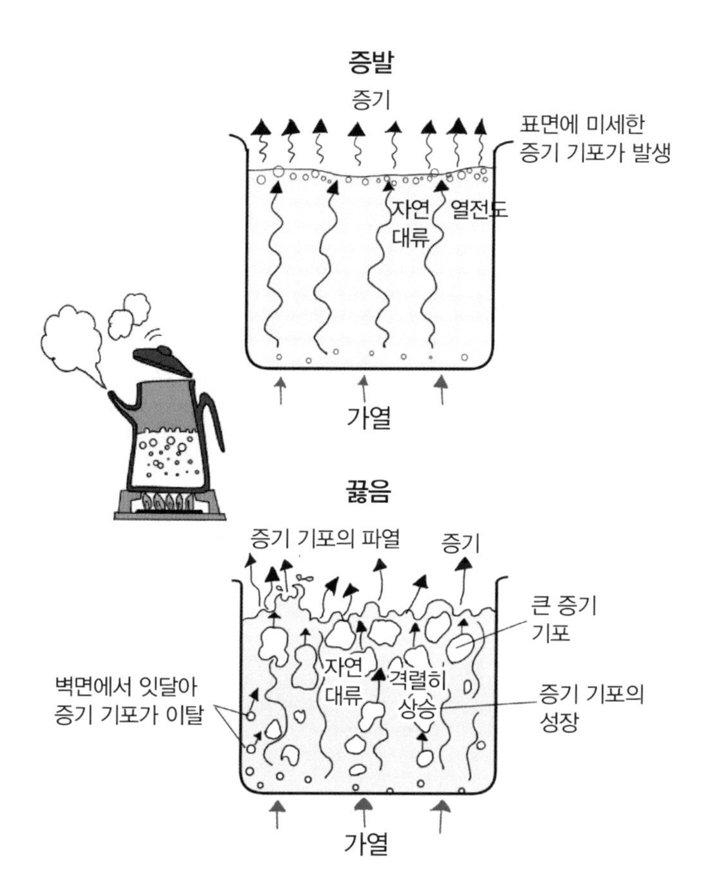

그림. 증발은 물의 표면에서 수증기가 이탈하는 것입니다. 끓음도 액체에서 기체로 바뀌는 것은 같지만, 액체 속에 공기 입자에 부착한 먼지 같은 것이 있으면 그곳을 기점으로 하여 액체의 물 분자가 기체로 바뀌고 그 기체가 성장하여 부력이 상승하면 공기와 함께 이탈하여 표면을 향한다는 점이 다릅니다.

3-5 '끓이는' 요리의 장점은?

끓이는 요리법은 단단한 재료를 부드럽게 하여 소화 흡수를 좋게 하는 가열 방법 중 하나입니다. 1기압에서 물의 끓는점은 100℃로 일정하기 때문에, 요리 재료를 끓이는 경우 온도가 100℃ 이상으로 올라가지 않습니다. 100℃에서는 대부분의 유해한 세균이 사멸하기 때문에 음식을 안심하고 먹을 수 있습니다. 온도에 의한 재료의 변색이 외관을 해치는 경우도 있지만 반대로 색이 선명해지는 재료도 있습니다.

물에 조미료를 넣고 가열하는 것을 '끓인다'고 하며, 이렇게 끓여서 요리할 경우 재료를 원하는 맛으로 조리할 수는 있지만 수용성 영양분이 물에 녹아 빠져나가기도 합니다. 물로만 끓이는 것은 '데친다'고 표현하며, 떫은 맛의 제거를 위해 조리 첫 번째 단계에서 이용합니다.

요리 재료 중에서도 콩류는 비중(기준이 되는 물질의 밀도에 대한 상대적인 비율)이 약 1.2이고 감자, 당근, 토마토, 육류 등은 비중이 물보다 조금 큰 정도(1.04~1.07)로, 부피에 해당하는 부력에 의해 물에 뜬 상태에서 끓이게 됩니다. 아래에서 가한 가열로 고온이 된 물은 가벼워져서 위쪽으로 이동하고 상대적으로 차가운 물은 아래쪽으로 눌려 열대류가 발생합니다. 열대류를 이용해 효율적으로 조리할 수 있지만, 고온이 되면 물이 격렬하게 흔들리면서 재료의 모양에 변형이 생길 수 있어 주의해야 합니다.

요리 재료를 끓이면 거의 완전히 물에 둘러싸인 채 가열되고 90℃가 넘으면 기포가 생기면서 부분적으로 끓게 됩니다. 여기에서 더 끓이게 되면 기포가 격렬하게 생기면서 뜨거운 물이 부글부글 폭발하듯이 움직이며 수증기도 격렬히 발생하게 됩니다. 60℃ 이상이 되면 요리 재료의 단백질 성분은 굳기 시작하고 지방분은 녹기 시작하며 식물 섬유는 부드러워집니다. 끓일 때는 물의 증발을 동반하기 때문에 국물이 농축되지 않도록 주의해야 합니다. 이때 증발하는 양은 냄비의 크기와 재료의 양에 따라 달라지기 때문에 뚜껑을 열어놓거나 냄비로 들어가는 뚜껑을 사용하거나 밀폐하는 등의 적절한 조치가 필요합니다.

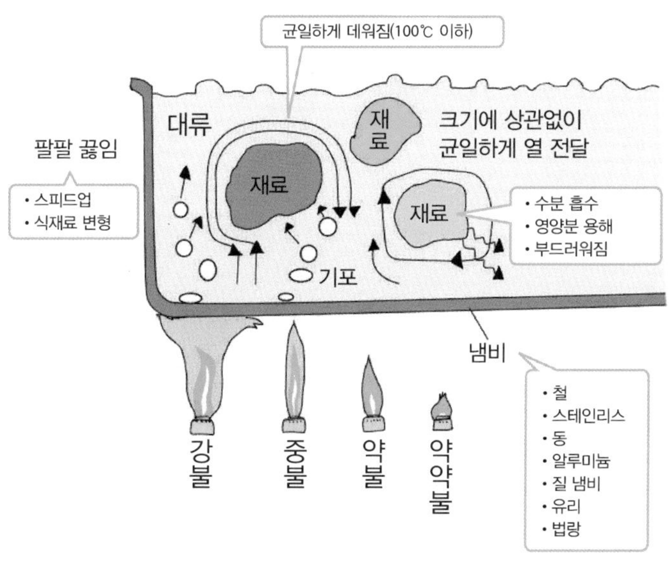

그림. 끓이는 요리를 할 때는 자연 대류와 끓음에 의한 교반 작용을 이용해 열을 전달합니다. 물의 끓는점을 기준으로 가열하더라도 100℃ 이상 올라가지 않습니다. 요리에 맞춰 불의 세기를 조절해야 하며 과도하게 팔팔 끓이면 안 됩니다. 냄비의 소재는 다양하지만 주로 표면 가공된 철이나 알루미늄을 이용합니다.

3-6 '볶음' 요리의 장점은?

볶음 요리는 가열한 프라이팬에 약간의 기름(또는 버터나 마요네즈)을 넣고 강한 불에서 재빨리 요리 재료를 섞어 단시간에 가열하는 방법입니다. 볶음 요리의 목적은 고열에서 단시간에 조리함으로써 표면을 바싹하게 익혀 재료 안에 있는 풍미나 비타민류를 최대한 파괴하지 않고 가둬 두는 데에 있습니다. 고온의 유막 열이 재료를 감싸면서 표면의 수분을 증발시켜 목적을 실현할 수 있습니다.

기름 온도는 160~180℃ 정도이며 200℃가 될 때도 있습니다. 이 고온의 열로 요리 재료의 표면층에 있는 수분을 100℃ 이상으로 올린 다음 증발시켜 외부로 방출합니다. 물의 증발 잠열이 액체인 물 1g을 1℃ 올리는 데 필요한 열량의 500배 이상이기 때문에 기름 온도가 높아도 매우 얇은 표면층의 수분만 제거합니다. 기름의 열과 물의 증발열의 관계에서 보면 기름과 물이 한 번 접촉했을 때 증발하는 물의 양은 기름양의 약 6%에 지나지 않습니다. 이 때문에 요리 재료를 솜씨 좋게, 재빨리, 고르게 섞으며 끊임없이 새로운 고온의 유막이 접촉될 수 있도록 하는 것이 중요합니다. 최대한 단시간에 조리를 끝내고 재료의 종류나 조리 목적에 맞춰 섞는 시간을 조절합니다. 볶을 때는 신속히 증기를 내보내야 하므로 뚜껑을 덮지 않습니다.

볶으면 단시간에 조리할 수 있기 때문에 사용하는 기름의 양도 적어서 경제적입니다. 열에 약한 비타민(A, E, C, B_1)을 함유한 녹황색 채소나 간, 돼지고기, 난황 등의 조리에 적합합니다. 단점은 별로 없지만 불이 잘 전달되지 않는 재료나 맛이 잘 배지 않는 재료는 미리 칼집을 넣는 등의 수고가 필요합니다. 또 주변에 작은 기름이 튀기 때문에 바로 닦지 않으면 청소가 힘들어집니다.

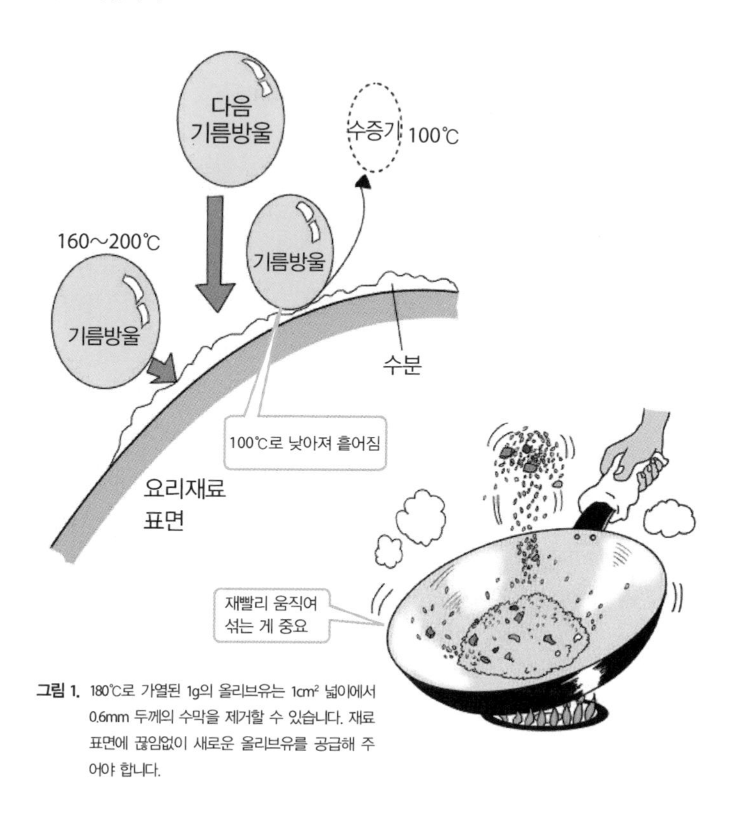

그림 1. 180℃로 가열된 1g의 올리브유는 1cm² 넓이에서 0.6mm 두께의 수막을 제거할 수 있습니다. 재료 표면에 끊임없이 새로운 올리브유를 공급해 주어야 합니다.

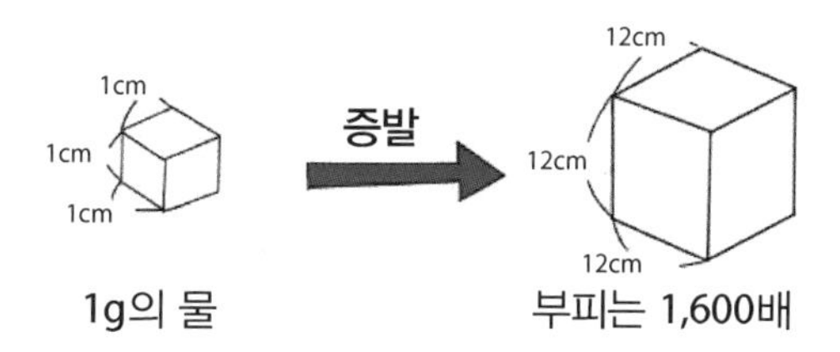

그림 2. 액체인 물이 수증기가 되면 부피는 1,600배 이상 커집니다.

3-7 '튀김' 요리의 장점은?

요리 재료를 튀긴다는 것은 끓는점이 높은 액체(기름) 속에서 재료를 가열하는 것입니다. 식재료를 튀기면 재료 내부에서 신속히 수분을 내보내고 고온에서 단백질을 변질시켜 노릇하게 익힘으로써 풍미 성분을 만들어 낼 수 있습니다. 재료가 고온이 되면 표면부터 단단해지기 때문에 내부는 숙성된 부드러움이 더해지고 영양소나 풍미 성분이 빠져나가지 않습니다. 또한 고칼로리의 기름을 머금게 하여 조리 후 재료의 에너지 값을 높일 수 있습니다.

'튀김'은 150~180℃ 범위의 고온으로 데운 식물성 기름(채종유, 대두유, 샐러드유(옥수수유), 참기름, 올리브오일 등)을 이용해 단시간에 요리 재료를 조리하는 방법입니다. 고온의 기름이 요리 재료를 감싸면 열의 대류와 접촉에 의한 열전도로 재료의 내부가 빠르게 익습니다. 또한 재료의 수분이 증기가 되어 빠져나갑니다. 먼저 표면이 단단해지기 때문에 내부의 풍미 온도(육류인 경우 65℃ 전후)를 조절할 수 있습니다.

기름을 사용할 때 열의 관점에서 주의해야 할 점은, 기름은 물과 달리 가열하면 점점 온도가 올라간다는 점입니다. 발화점은 370℃ 정도로, 산소(공기)가 있으면 연소합니다. 이 때문에 화력 조절, 냄비의 기름양 조절, 일정한 온도를 유지하기 쉬운 형태 · 소재의 냄비 선정, 조리 중 재료의 이동 등이 필요합니다. 또 기름의 발연점에서도 온도 관리는 빼놓을 수 없습니다. 발연점이란 기름에서 연기가 나오기 시작하는 온도라는 의미로 기름이 분해되기 시작하는 온도입니다. 참기름의 발연점은 180℃, 올리브유는 210℃

로 종류에 따라 다르며 오래 사용한 기름은 발연점이 낮아진다고 합니다(더 빨리 연소함).

기름에는 1g당 9.21kcal(38.6kJ)의 에너지가 있습니다. 요리 재료에 대한 기름의 부착량은 조리 방법에 따라 다르며, 재료의 무게에 대한 부착량은 아무것도 묻히지 않은 튀김(3~5%), 밀가루만 입힌 튀김(6~8%), 밀가루와 달걀, 물 반죽을 입힌 튀김(15%) 순으로 증가하며 빵가루를 묻힌 튀김의 경우에는 15~20%에 이른다고 합니다.

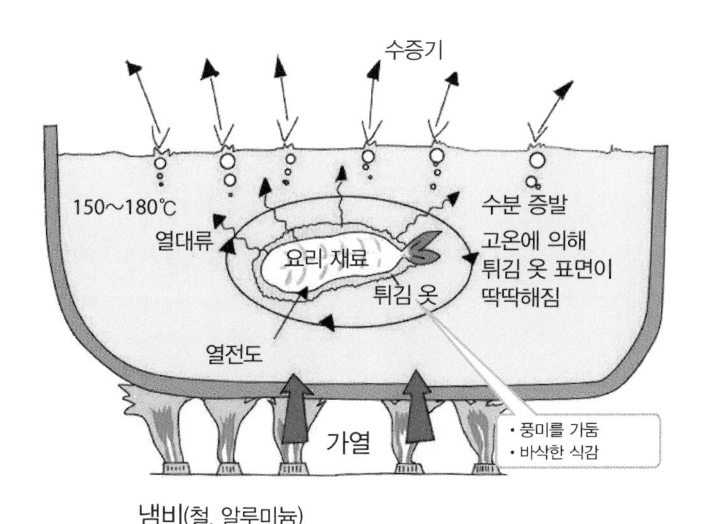

그림 2. 보통 150~180℃의 기름에서 요리 재료를 빠른 시간에 코팅하여 재료 내부의 수분을 강제적으로 증발시킵니다. 열이 침입하면 표면이 단단해지고 내부의 풍미를 가둬 두는 역할을 합니다. 때문에 표면이 바싹하게 익는 독특한 식감을 얻을 수 있습니다.

3-8 '훈연'의 장점은?

요리 재료를 훈연한다는 것은 공중에 휘발한 특정 목재 성분에 재료를 쬐어서 조리하고 보존하는 것입니다.

캠핑할 때 숲에서 모은 마른 나뭇가지나 장작을 사용하여 불을 피우려는데 좀처럼 불이 붙지 않고 연기만 나는 경우가 있습니다. 이는 물체가 발화점에 도달해 불이 붙어도 열량이 적으면 주변에 그 열을 빼앗겨 온도가 발화점 아래로 내려가기 때문입니다.

목재는 유기물이라서 식물 섬유층 사이에 다양한 물질을 포함하고 있습니다. 이들 물질의 발화점 온도가 일정하지 않아 부분적으로 발화점에 도달하더라도, 화력을 조절하면 연소에 이르지 못하고 수분이나 휘발성분이 공기에 혼합됩니다. 벚나무, 참나무(졸참나무, 떡갈나무), 너도밤나무, 사과나무, 호두(히코리:가래 나뭇과의 낙엽교목) 등은 나무 자체에서도 좋은 향이 나지만 훈연하면 연기에 독특한 향이 배는데 살균이나 방부 효과가 있는 성분도 들어 있습니다.

요리 재료를 이러한 목재의 연기에 쬐면 표면에서부터 열과 함께 천천히 연기 성분이 침투하기 때문에 연기에 포함된 향과 유용 성분으로 독특한 풍미를 가진 재료로 바뀝니다. 요리 재료를 훈제하는 이러한 방법을 온훈법이라고 합니다. 30~80℃ 정도의 연기에 요리 재료를 몇 시간 동안 쬐어서 만드는 방법이며 온도나 시간은 요리 재료의 종류나 취향에 따라 달라집니다. 온훈법 이외에도 이보다 저온의 연기에 쬐는 저훈법이나 80~120℃의 고온의 연기를 사용하는 열훈법이 있습니다.

훈연하면 요리 재료의 향이나 색깔 그리고 독특한 맛을 자아내며 재료에 따라서는 장기 보존도 가능합니다.

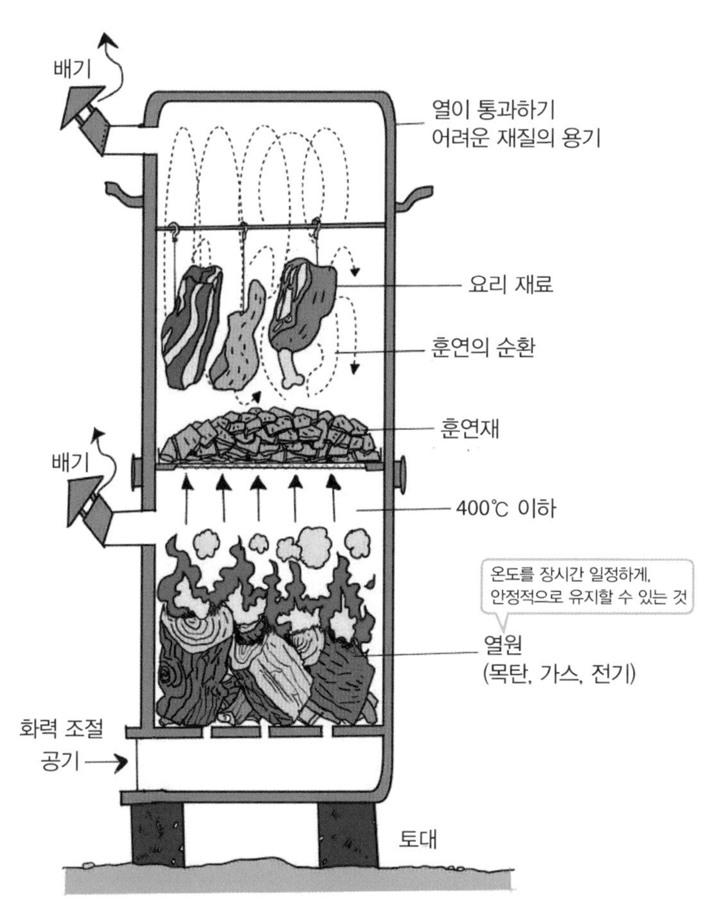

그림. 훈제용 화덕은 연기를 내뿜기 위한 목재(훈연재)로부터 연기가 균일하게 나오는 최적의 온도에서 안정적으로 가열할 수 있는 구조로 만들어졌습니다. 목탄, 가스, 전기 등의 열원이 적합합니다. 거의 순수한 탄소인 목탄은 발화점이 320~370℃로, 공기의 양에 따라 안정적으로 온도를 조절할 수 있습니다. 적당한 유기물의 미립자가 발생하기 쉬운 30~120℃에서 요리 재료에 적합한 훈연 온도를 일정하게 유지합니다. 훈연재를 목재의 발화점(400~470℃) 이상이 되지 않도록 하는 온도 관리가 중요합니다.

3-9 질냄비를 사용하는 이유는?

질냄비는 주로 끓이는 요리에 사용합니다. 도기(흙을 굳혀서 구운 세라믹의 일종)로 만들어진 질냄비는 열전도율이 낮고 깨지기 쉽기 때문에 비교적 두껍게 만듭니다. 바닥은 둥근 것이 좋으며 뚜껑도 위로 부풀어 오른 것이 중요한 역할을 합니다.

끓일 때 중요한 것은 요리 재료 주변의 열이 균일해야 하고, 시간을 들여 조리하는 경우가 많아서 에너지 효율이 높은 냄비를 사용해야 한다는 것입니다.

질냄비는 둥근 바닥으로 인해 아래로부터 불길이 잘 퍼지고, 넓은 면적이 균일하게 가열되기 때문에 냄비 안의 온도가 일정하게 유지됩니다. 이는 외부로부터의 열을 효율적으로 사용하는 것이기도 해서 장시간 끓이는 요리에서는 에너지 절약 효과가 큽니다.

질냄비는 한데 모은 열을 쉽게 달아나지 못하게 하는 특징도 있습니다. 이는 질냄비의 열용량이 크기 때문입니다. 축적할 수 있는 열의 양은 재질의 비열(물질 1g의 온도를 1℃ 올리는 데 필요한 열량)과 냄비의 무게에 비례하는데, 도기의 비열은 철보다 2배 정도 높고 두껍기 때문에 무거워서 열용량이 높아 잘 식지 않습니다. 반대로 가열하는 데 시간이 걸리지만 조리시간이 길어서 그 영향은 그리 크지 않습니다. 냄비 안에 있는 물은 천천히 열대류 해서 재료 모양을 부수지 않고 일정하게 유지할 수 있습니다.

또한 뚜껑이 곡선을 이루고 있어서 증발한 열이 밖으로 도망가는 것을 방지하여 수증기를 효과적으로 대류시켜 열을 재이용할 수 있습니다. 국물의 농도를 일정하게 유지하는 효과도 있습니다.

뚜껑 위쪽의 손잡이에 슬릿이 들어가 있으면 핀과 같은 역할을 하여 방열을 촉진합니다. 그러면 손잡이 온도가 내려가 쉽게 잡을 수 있습니다.

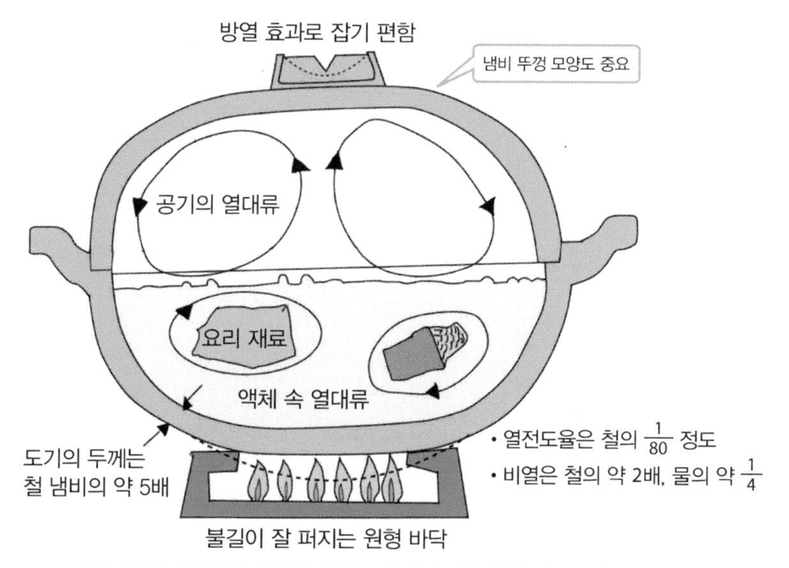

그림. 질냄비는 냄비 요리에 사용되며 기본적으로 끓이는 요리 용도입니다. 냄비 바닥을 균등하게 가열할 수 있는 둥근 바닥의 냄비가 기본 형태입니다. 바닥이 둥글면 요리 재료를 끓이는 물의 양을 줄일 수 있는 용적 효과도 있습니다. 냄비 내부는 국물의 열대류와 상부 공기의 열대류에 의해 가열되기 때문에 장시간 조리에 적합하며 열용량이 커서 잘 식지 않는다는 특징이 있습니다.

3-10 압력솥을 추천하는 이유는?

꽤 장시간 동안 끓여야 하는 요리 재료도 압력솥을 사용하면 단시간에 조리할 수 있습니다. 이는 물의 끓는점이 대기압(1기압)에서는 100℃이지만 압력에 의해 끓는점이 바뀌는 성질을 이용하기 때문입니다. 요리에 사용되는 재료의 대부분은 다량의 수분을 함유하고 있으며 탄수화물이나 단백질, 지방 등으로 이루어져 있습니다. 이들 재료는 일정 온도에 달하면 사람이 소화하기 쉬운 형태로 바뀝니다. 재료에 함유된 비타민, 무기질 등은 가열에 약하기도 하지만, 이 점은 다른 조리에서도 마찬가지입니다. 또 압력을 높여 온도를 높이면 철저한 살균 효과도 기대할 수 있습니다.

물을 2기압의 환경에 두면 끓는점이 120℃ 정도로 올라갑니다. 130℃는 2.66 기압, 150℃는 4.7 기압 정도가 필요합니다. 조리할 때 기압을 너무 높이면 취급이 위험해지기 때문에 지금은 최대 2.45 기압(끓음 온도 128℃) 정도로 제한하고 있습니다. 압력솥 요리는 최대한 액체 상태의 재료에 높은 압력과 열을 가해 지방이나 단백질, 탄수화물을 저분자 구조의 형태로 만듭니다. 또한 재료의 세포벽을 붕괴하거나 수용성으로 만들어 위나 장에서 소화 · 흡수하기 쉬운 구조의 물질로 분해해 단시간에 조리할 수 있습니다.

압력솥은 고온인 데다 압력까지 높아서 취급에 주의해야 합니다. 압력솥을 이용한 조리는 가스를 점화(전기식은 스위치 온)하여 가열하고 압력 조절 기능이 증기의 압력에 따라 작동하기 시작하는 가열 과정, 이 압력을 계속 가하는 가압 과정, 화력을 중지하고 고온 · 고압 상태를 유지하는 뜸 들이는 과정, 온도가 저하하여 대기압과 비슷한 수준으로 돌아오는 멸압 과정

순서로 진행됩니다. 지름 18cm 정도의 소형이라 하더라도 2기압으로 설정된 상태에서는 솥의 뚜껑 전체에 약 250kg의 힘이 가해지고 있기 때문에 솥 내부의 압력이 충분히 줄어든 후에 뚜껑을 열어야 합니다. 일반적인 조리 시 가열하는 시간보다 1/2~1/4 정도로 단축되며 밀폐 보온 상태라는 점에서 에너지 절약에도 효과적입니다.

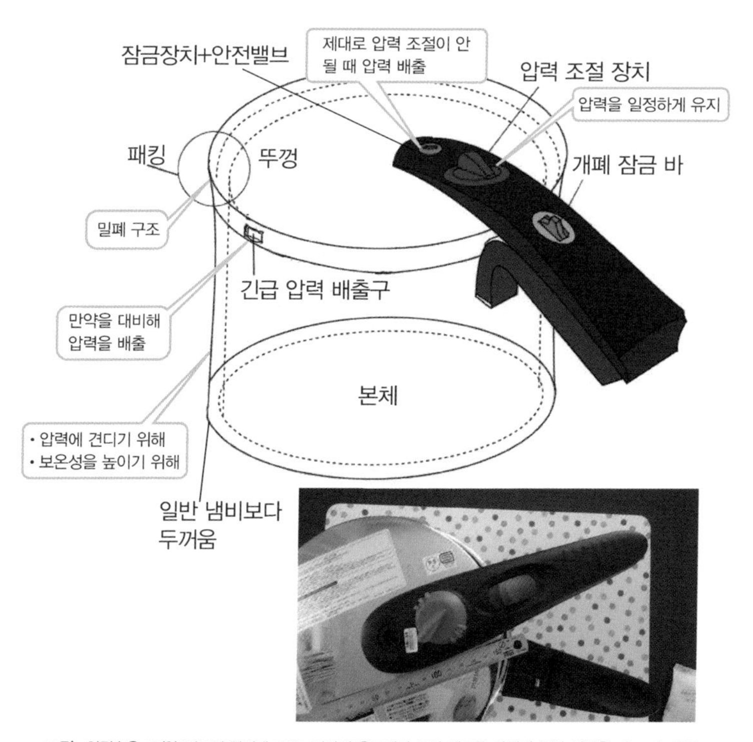

그림. 압력솥은 2기압 정도의 압력에 100℃ 이상의 온도에서 요리 재료를 가열해 조리 시간을 1/2~1/4 정도로 단축할 수 있습니다. 밀폐된 상태에서 압력에 견디는 구조로 되어 있어 안전하게 조리할 수 있도록 압력 조절 장치와 안전장치가 설계되어 있습니다. 조리가 끝나면 압력이 충분히 내려갔는지 확인한 후에 뚜껑을 열어야 합니다.

3-11 IH 조리기는 어떻게 가열할까?

IH(인덕션 히팅의 약자) 조리기는 유도 가열이라는 방법으로 열을 만들어 냅니다. 그 원리에 대해 알아보겠습니다. 전류가 흐르는 전선 A와 B를 준비해서 서로 가까이 놓아둡니다. 전선 A에 직류 전류를 흘려보내면 주위에 자계가 형성됩니다. 전선 B에 전류계를 연결하여 원형을 만들어도 그 상태에서는 전류계가 흔들리지 않습니다. 전기가 흐르는 전선 A의 스위치를 끄면 그 순간에만 B의 전류계가 흔들립니다. 즉 전류가 전선 B로 흘러갔다는 의미입니다. 이것이 유도 전류입니다. 전류의 방향을 반대로 하여 똑같이 전류를 차단하면 그 순간 이번에는 전류계가 반대 방향으로 기웁니다. 이러한 전류를 와전류(맴돌이 전류)라고 합니다. 전류계와 연결된 전선 B가 전기저항이 있으면 전류는 그 저항에 의해 히터처럼 열로 바뀝니다. 이것이 유도 가열입니다.

IH 조리기는 자계를 발생시키는 전선을 코일(전선을 나선 모양으로 빙글빙글 감아 자계의 세기를 크게 한 것)로 감은 것입니다. 매초 2만~5만 회 정도 전류의 온 · 오프를 반복하여 냄비 바닥에 와전류를 발생시키면 이것이 열로 바뀌어 냄비가 뜨거워집니다. 냄비 바닥의 재질로는 와전류가 흘러 발열하는 데 적당한 금속 재료가 적합하며 주로 철이 사용됩니다. 가열 효율을 높이기 위해 코일과 냄비 바닥을 최대한 가깝게 밀착시키거나 냄비 바닥 재질을 적절한 것으로 선택하는 것이 중요합니다.

투입하는 전력으로부터 얼마만큼의 열을 얻을 수 있는지를 가열 효율이라고 하는데 대략 85% 정도 됩니다. 전류의 온 · 오프를 전환하는 데는 고주파 인버터라고 하는 회로가 사용되며 가열 온도는 초당 전환 횟수(주파수라고 함)로 결정됩니다.

IH 조리기는 직접 불을 사용하지 않는다는 장점이 있습니다. 조리한 후에 냄비 바닥이 있었던 곳이 뜨거운데, 이는 조리로 요리 재료나 냄비 전체가 뜨거워졌기 때문입니다. IH 밥솥은 냄비의 바닥뿐만 아니라 측면이나 뚜껑에도 코일을 부착해 온도의 균일화를 꾀하는 등 연구가 진행되고 있습니다.

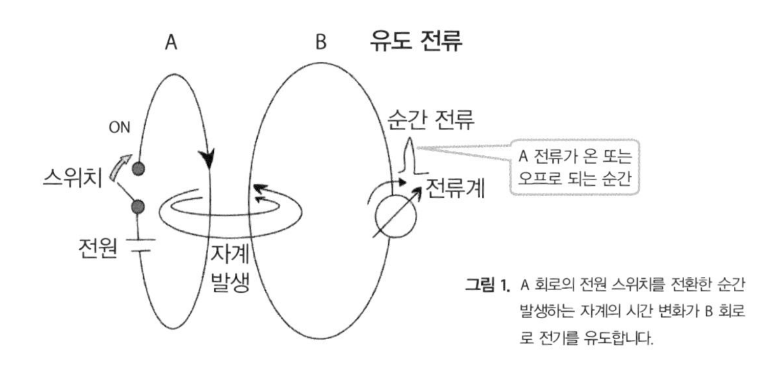

그림 1. A 회로의 전원 스위치를 전환한 순간 발생하는 자계의 시간 변화가 B 회로로 전기를 유도합니다.

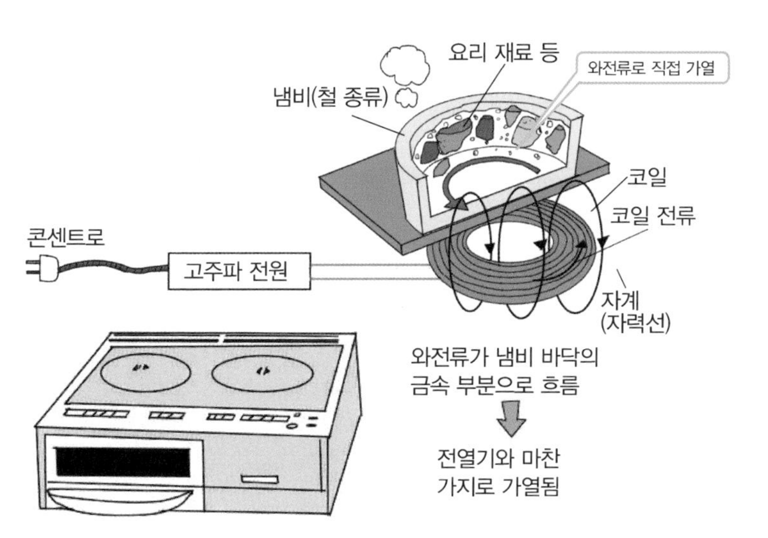

그림 2. 유도된 전류가 저항이 있는 금속체로 흐르면 전열기와 같은 원리로 발열합니다.

3-12 전자레인지는 어떻게 가열할 수 있을까?

전자레인지는 마이크로파라는 전자파로 요리 재료의 수분에 직접 에너지를 가하며, 이 전자파 에너지를 열로 바꿔 식품의 내부부터 가열합니다.

전자파 에너지는 진공 상태에서는 손실 없이 전달되지만 물질과 부딪치면 반사 · 흡수 · 투과됩니다. 이 상태는 전자파의 진동수(1초 동안 파동이 몇 번 반복되었는지 나타낸 수치로 주파수라고 하며, 단위는 Hz를 사용)와 물질의 전기적 성질에 의해 결정됩니다.

일본 전파법에 따라 전자레인지는 2.45GHz(기가헤르츠)의 전자파를 사용합니다. 이 전자파의 진동과 요리 재료의 물 분자 덩어리가 갖고 있는 전기적 성질(분극)의 상호 작용에 의해 물 분자 덩어리들의 진동이 어긋나면서 마찰열이 발생합니다.

이 전자파의 주파수는, 금속에는 반사되고 절연물에는 투과됩니다. 당연히 공기도 그 안의 수분을 제거하면 투과하기 때문에 대부분 영향을 받지 않습니다. 수 백W(와트)에서 1kW 정도의 파워(초당 에너지양)를 내보내기 위해 마그네트론이라는 발신기를 사용하며, 안테나를 통해 전자레인지 안의 재료로 내리쬡니다. 마그네트론의 발신 효율은 70%이고, 전자레인지 전체의 가열 효율은 50% 정도입니다.

전자파가 에너지를 가하는 대상은 수분이라서, 수분이 있는 한 가열 온도의 상한은 항상 100℃ 이하입니다. 전자파는 요리 재료의 표면부터 내면까지 포함된 수분을 가열시킵니다. 이때 재료 표면을 고르게 가열하기 위해 전자파가 균일하게 내리쬐도록 재료를 턴테이블에서 회전시키거나 마이크로파의 전계를 반사 · 교반(스텔라 팬)하면 재료의 가운데 부분에 전자파가 많이 모입니다. 따라서 가운데 부분의 온도가 높아집니다. 재료에 따라 가열 시간이 달라지는 이유는 재료의 전기적 성질의 차이에 의한 것으로, 염분이 많은 식품은 가열 시간이 짧고 건조 제품은 깁니다.

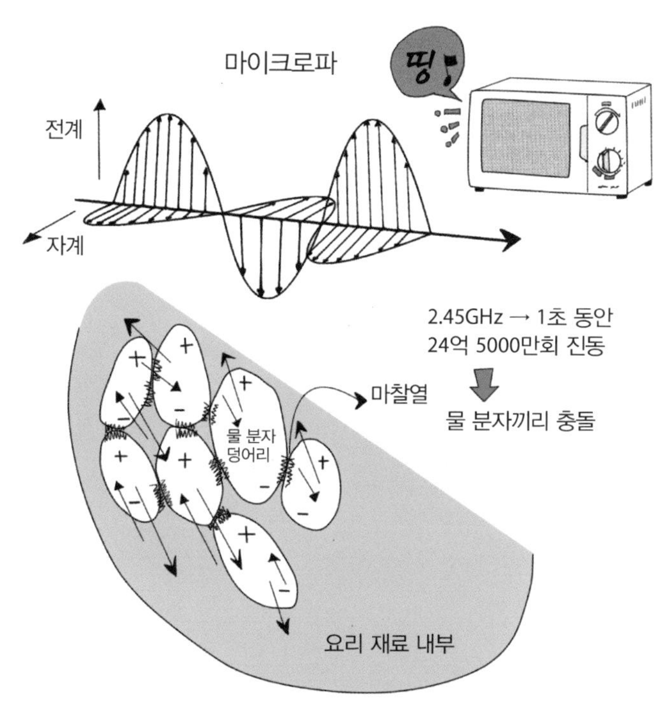

그림. 2.45GHz의 마이크로파에 의한 진동이 물 분자 집단에 작용하고 진동시키고, 이로 인해 집합체들의 진동이 어긋나면서 열이 발생합니다. 이 파장을 크게 벗어나면 제대로 가열할 수 없습니다. 최신 스마트폰이 통신하는 영역은 0.7~2GHz로, 파장 기준으로 꽤 가까운 전자파라고 할 수 있지만 세기는 완전히 다릅니다.

3-13 요리 재료를 냉동 보관할 때 알아 둬야 할 사실

요리 재료를 저온에서 보관하거나 냉동하는 이유는 장기 보관하기 위해서입니다. 이때 단순히 재료의 보관만 생각하는 것이 아니라, 사용하고 싶을 때 원래 상태로 되돌리는 것까지 고려해야 합니다.

세균은 저온에서 최대한 증식을 억제할 수 있습니다. 온도가 낮을수록 안전하지만 1년간 보관할 경우 대부분 -18℃에서 냉동시킵니다. 대부분의 요리 재료에는 70~80%의 수분이 함유되어 있으며, 90%인 경우도 있습니다. 불순물이 없는 물은 0℃에서 얼지만 세포 속의 수분에는 효소나 아미노산 등 많은 것들이 함유되어 있습니다. 녹는 물질을 용질이라고 하며 어는 온도를 응고점이라고 하는데 이 온도는 용질의 농도에 비례하여 내려갑니다. 염분을 약 3% 함유한 해수는 0℃에서 얼지 않고 -1.8℃ 정도에서 응고합니다. 요리 재료의 응고점은 -5~-1℃ 정도 됩니다.

언다는 것은 액체가 고체로 바뀌는 것이라서 응고열이 필요합니다. 응고열의 반대는 융해열로, 이는 증발열과 응축열의 관계와 같고 물질의 상태 변화를 나타내는 말입니다. 물을 얼리기 위해서는 물에서 1kg당 335kJ(80kcal/kg)의 응고열을 빼앗아야 합니다.

그리고 얼음의 비중(比重)은 0.92라서 부피가 1.087배 증가합니다. 물이 얼면 수도관이 파열하는 것처럼 세포가 얼면 부피가 팽창하여 파괴됩니다. 이렇게 되면 원래 상태로 되돌아갈 수 없습니다. 따라서 냉동에도 여러 상황을 고려해야 합니다.

얼음 결정이 성장하는 온도대를 최대 얼음 결정 생성대라고 합니다. 이

온도대는 얼기 시작하는 시점에서부터 80%가 얼음 결정으로 바뀔 때까지의 시간을 나타낸 것으로, 이 시간을 얼마나 단축할 수 있느냐가 중요합니다. 지금은 급속 냉동법을 이용해 보통 6시간 정도 걸리는 것을 30분 이내로 단축해 얼음의 결정 크기를 작게 줄여 품질이 좋은 냉동을 할 수 있습니다.

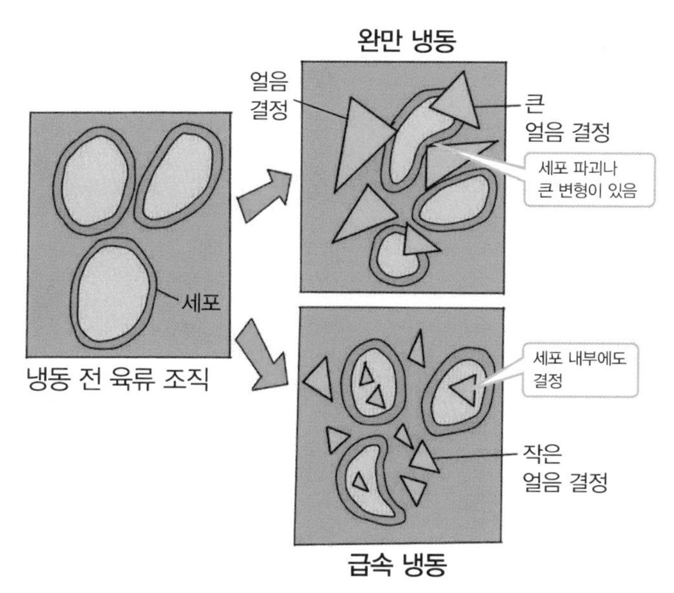

그림. 물을 얼릴 때는 0℃의 물을 80℃까지 올릴 때와 같은 열량이 필요합니다. 주변의 물로부터 몇 시간 동안 이 열량을 빼앗아 오는지에 따라 동결 시간이 결정됩니다. 100g의 물(대부분의 요리 재료가 70~80%의 수분을 함유)을 6시간 동안 −18℃로 얼리는 데는 2.3W가 필요하지만, 30분 만에 얼릴 때는 276W가 필요합니다. 천천히 얼리는 냉동(완만 냉동)의 경우 얼음 결정이 커지고 세포의 밖에서 성장하기 때문에 세포를 파괴하게 됩니다. 급속 냉동의 경우는 미세한 결정이 세포 내외에 만들어지기 때문에 해동 시 재료에 입히는 손상을 줄일 수 있습니다.

3-14 물은 0℃ 이하에서도 얼지 않을 때가 있을까?

대답은 '그렇다'입니다. 일반적인 냉각 방법에 의하면 안정적인 상태의 물은 0℃에서 얼음으로 바뀝니다. 그런데 드물게 물이 0℃ 이하에서도 얼지 않는 상태가 있습니다. 이 현상이 일어나는 이유는 0℃ 이하라고 하더라도 물 분자 집단이 일시적으로 안정적인 상태에 머물러 있기 때문입니다(준안정상태에 있다고 함). 이 상태를 과냉각이라고 합니다. 이 상태는 견고하지 않아서 과냉각수에 외부의 진동과 같은 물리적인 자극이 가해지면 즉시 원래의 안정적인 상태인 얼음으로 바뀝니다.

과냉각 현상이 일어나는 비밀은 물이 외부부터 냉각되어 얼기 시작하는 과정에 있습니다. 물이 얼기 위해서는 응고열(융해열과 같음)이 필요합니다. 1kg의 물을 얼리는 데는 물을 1℃ 올리는 에너지의 약 80배인 335kJ의 큰 열의 이동이 필요합니다. 일반적인 냉각 방법으로 얼 때는 작은 물 분자 집단으로부터 갑자기 큰 열을 빼앗기는데(냉각되어), 여러 장소에서 이 현상이 발생하기 때문에 작은 셔벗 상태의 덩어리가 만들어집니다. 이것이 계속 모이게 되면 점점 커지면서 그 전체가 얼게 됩니다. 한편 냉각이 굉장히 천천히 진행되면 셔벗이 될 매우 작은 얼음 입자조차 만들어지지 않기 때문에 전체가 고르게 열을 흡수하게 되면서 과냉각 현상이 일어납니다.

물의 경우 -40℃까지 이 현상이 나타나며 그 이하에서는 과냉각수가 만들어지지 않는다고 합니다(한계온도라고 함). 자연계에서는 구름 속의 작은 물방울이 과냉각 상태에 있다고 합니다. 인공적으로 만든 과냉각수는 빙축열 방식의 하나로 또는 날것 상태 그대로 온도를 내려 보존하는 방법으로 연구되고 있습니다.

곤약처럼 다량의 수분을 함유하여 세포가 약한 식품은 냉동 보존할 수 없습니다. 생선도 동결에 의한 세포 손상과 풍미 성분을 함유한 수분 유출을 억제해 보관하는 것이 이상적입니다. 일반적으로 저온에서 보관하는 이유는 부패균의 활동을 억제하기 위해서이지만 과냉각 현상을 이용하여 세포를 얼리지 않고 저온 상태에서 보관할 수 있다면 품질 유지와 장기 보존이 가능해집니다.

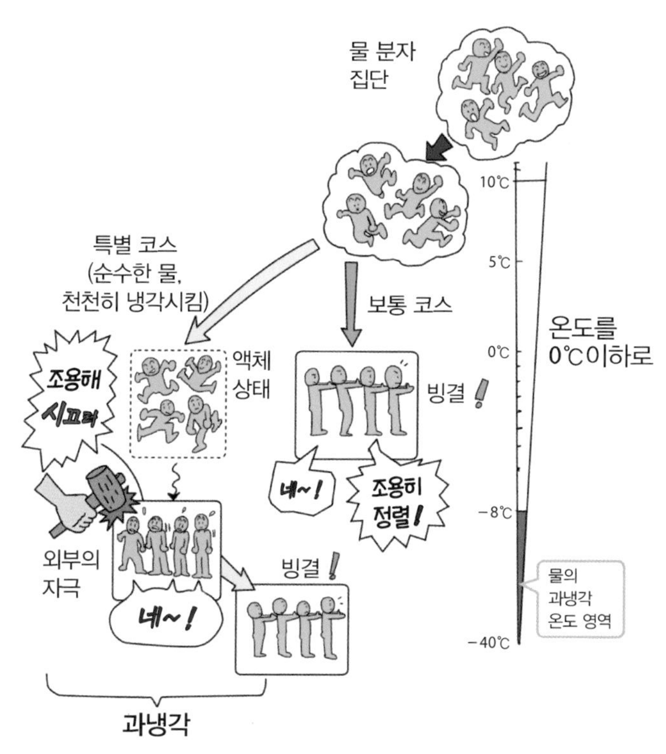

그림. 액체인 물을 냉각시키면 보통 0℃에서 얼게 됩니다. 그런데 펄펄 끓여 최대한 불순물이나 먼지가 없는 상태에서 순수한 물을 천천히 냉각시키면 0℃보다 더 내려가도 액체 상태를 유지합니다. 이것이 과냉각 현상입니다. 이때 충격을 주는 등 외부에서 약한 자극을 가하면 안정적인 상태인 얼음으로 바뀝니다.

3-15 냉장고의 구조는?

냉장고는 요리 재료나 주스, 물 등을 저온에서 보관할 수 있으며 냉동 보관 기능도 있습니다. 저온 보관에는 여러 방식이 있는데 주로 액체가 기체로 바뀔 때 주위로부터 열을 빼앗는 상변화 성질을 이용한 방식이 사용됩니다. 이 열을 증발열 또는 기화열이라고 합니다.

이러한 방식을 이용한 냉장고의 구조는 에어컨과 같습니다. 단 온도가 낮다는 점과 밀폐된 상태에서 온도를 내린다는 점에서 이용 방법에 차이가 있습니다. 사용하는 액체를 재이용하여 장치 안에서 순환시키는 것도 에어컨과 같으며 이를 냉동 사이클이라 하고, 압축식 냉동이라고 표현하기도 합니다.

이 냉동 사이클은 저온에서도 증기로 바뀌는 저비점 매체를 순환시키는 4개의 장치로 구성되어 있습니다.

증발기에 저온 · 저압의 액체가 들어오면 주위에서 들어온 공기로부터 열을 빼앗아 기화합니다. 이 냉기로 냉장고 안의 재료를 냉각시키거나 냉동시킵니다. 기체가 된 매체를 압축기를 이용해 고온 · 고압의 기체로 바꿔 응축기로 보냅니다. 응축기에서는 고온 · 고압의 기체에서 열을 빼앗아 응축시킨 다음 다시 액체로 바꿉니다. 거의 상온이지만 압력이 높아서 모세관(캐필러리 튜브) 부분(감압기)에서 다수의 얇은 관을 통과시켜 압력을 줄여 저온 · 저압의 액체 상태가 되면 증발기로 유도합니다. 이렇게 냉동 사이클이 완성됩니다.

증발기는 냉각기라고도 할 수 있습니다. 여기에서 나온 냉기를 냉장고의

각 구역으로 보냅니다. 냉장실, 냉동실, 야채실이 기본이지만, 최근에는 칠드실을 추가하는 등 다양화하고 있습니다. 이 때문에 증발기(냉각기)를 복수로 설치한 냉장고도 나오고 있습니다.

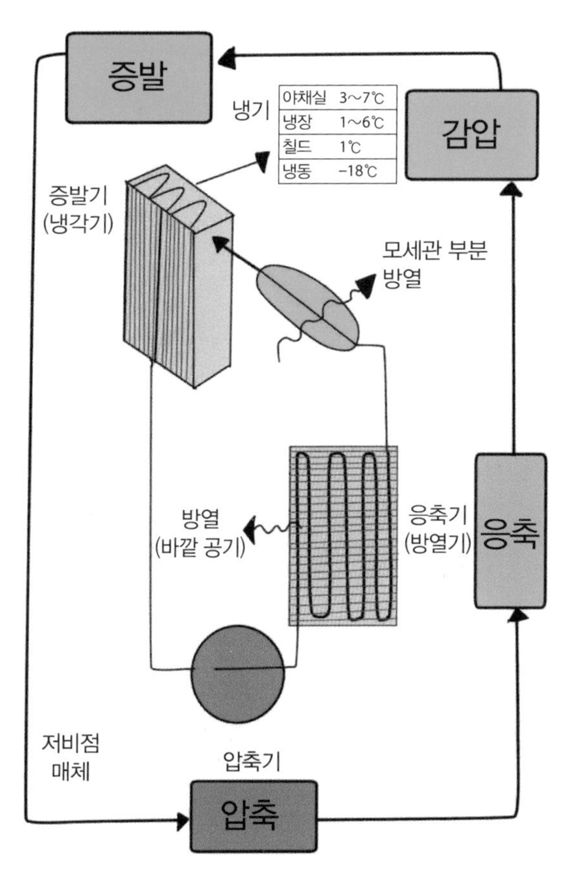

그림. 냉장고의 냉동 사이클을 나타낸 것입니다. 흡열반응으로 냉장고 내의 공기가 냉각되어 냉기가 되고, 보통 −18℃ 정도(−20℃를 넘는 것도 있음)까지 재료를 냉동시킬 수 있는 냉각 능력이 있습니다.

3-16 식재료의 가장 좋은 해동법은?

요리 재료를 보관하기 위해 냉동했을 경우 잘못 해동하면 모처럼 좋게 유지한 요리 재료가 손상될 수 있습니다. 그러니 해동할 때는 요리 재료와 조리의 목적을 고려하여 가장 좋은 방법을 선택해야 합니다.

해동은 글자 그대로 '가열하여 다시 얼음을 물로 되돌린다'는 의미입니다. 가열 방법은 냉동된 재료의 온도(보통 -18℃)와 가열 온도와의 차이로 분류됩니다. 온도 차가 큰 순서대로 급속 가열 해동(열탕, 전자레인지, 전기히터, 오븐), 상온 해동(실내, 실외), 수돗물 유수 해동, 냉장고 해동(식품 보관실, 야채실), 얼음물 해동이 있습니다. 또 해동하는 재료와 가열원과의 접촉 방법에 따라 직접 가열과 간접 가열로 나눌 수 있습니다.

가장 이상적인 해동 방법은 요리 재료 속의 수분이 고르고 부드럽게 상변화(얼음에서 물로 바뀜)하는 온도 환경을 만들어 주는 것이라고 합니다. 전자레인지를 제외하면 해동 열원과 재료는 열전도 또는 대류 열전달에 의해 열이 전달되며 표면에서부터 내부로 해동이 진행됩니다. 고르고 부드러운 해동이라는 점에서는 얼음물 해동이 가장 좋다고 할 수 있습니다. 얼음물을 천천히 섞어서 온도를 일정하게 유지하면 더 좋다고 합니다. 해동으로 인해 세포가 파괴되어 풍미 성분이 유출되는 문제는 냉동 재료를 다른 재료와 함께 조리하는 찜 요리로 해결할 수도 있습니다.

전자레인지에서 사용되는 전자파 파장은 액체인 물의 가열에는 적합하지만 얼음 가열에는 적합하지 않습니다. 전자레인지를 사용하면 수분이 나오기 시작할 때 그 부분이 가열되어 고르게 해동되지 않기 때문입니다. 또 재료에 따라서는 현저히 맛을 해치는 경우가 있기 때문에 주의해야 합니다.

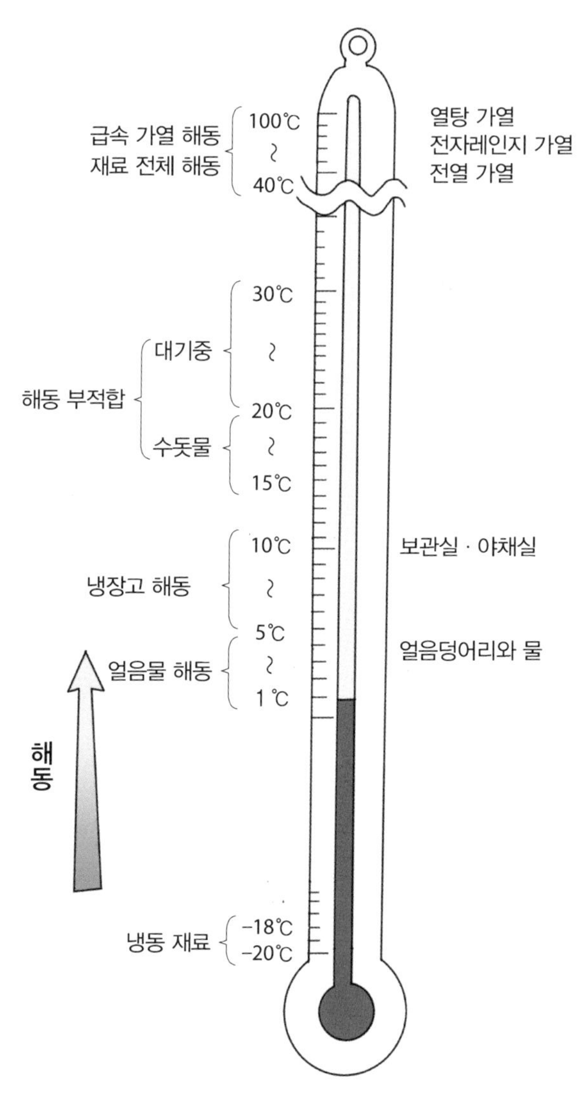

그림. 해동은 기본적으로 재료를 냉동 전의 상태로 되돌리는 것입니다. 요리 재료의 모양은 물론 맛과 식감을 유지하는데에 가장 적합한 해동 방법은 얼음물 해동입니다. 또 급속 가열 해동이나 조리와 동시에 이루어지는 해동은 식재료에 따라서는 냉동 보관의 가치를 최대한으로 활용할 수 있는 방법입니다.

'언 발에 오줌 누기'처럼 물을 붓는다면

'불에 달궈진 돌에 물 붓기(焼石に水, 한국어 속담 : 언 발에 오줌 누기)'라는 속담이 있습니다. 불에 달궈진 뜨거운 돌에 적은 양의 물을 붓는다고 온도가 생각만큼 많이 내려가지 않는다는 것에서 '아주 조금의 노력이나 도움으로는 효과를 기대할 수 없다'는 의미로 사용됩니다.

지금은 '불에 달궈진 돌' 자체가 익숙하지 않아서 확 와 닿지 않겠지만, 이와 비슷한 상태라면 한여름에 뜨겁게 달궈진 자동차의 보닛이나 한여름 해수욕장에서 물가에 도착할 때까지 밟는 뜨거운 모래 등이 있습니다. 또 조리 기구로는 불에 달궈진 돌의 특성을 이용한 돌솥이 있습니다.

실제로 불에 달궈진 돌에 물을 부으면 어떻게 될까요? 300℃의 돌덩어리(무게 50kg)에 15℃의 물 1리터를 부으면 온도가 어떻게 될지 계산해 보았습니다. 바위와 물의 무게 비율은 50:1, 즉 바위 대비 2%의 물을 붓는다고 하면 300℃의 돌은 230℃가 되어 온도를 70℃나 내릴 수 있습니다.

돌과 물 사이에서는 물질 내부에 열을 가두는 양(열용량)이 다르며, 단위 무게로 봤을 때는 물이 5배 정도나 크다는 것이 영향을 미칩니다. 또 물은 100℃에서 증발할 때 큰 증발열을 돌에서도 빼앗습니다(잠열이라고 함). 이 두 가지 작용에 의해 열용량의 기여분에서 약 20℃, 잠열 효과에서 약 50℃, 총 70℃가 내려가게 됩니다.

이 성질을 이용하면 자동차의 보닛을 냉각시키는 데 그다지 많은 물이 필요하지 않다는 것을 알 수 있습니다. 이때 물을 한 번에 확 붓지 않고 얇게 뿌리듯이 붓는 것이 효과적입니다.

인간 · 동식물과 열의 관계

열과 싸우기도 하고 열의 도움을 받기도 하는
생물의 생존을 건 교묘한 진화에 대해 알아봅시다

4-1 왜 체온이 필요할까?

우리 몸 안에 있는 장기가 정상적으로 작동하고, 다양한 병원균으로부터 몸을 보호하기 위해서는 몸을 적당한 온도로 유지해야 합니다. 사람은 생명 유지와 활동을 위해 식물 등으로부터 단백질, 지방, 탄수화물, 비타민, 미량의 무기질(미네랄)을 섭취하여 에너지를 만들어냅니다. 일본인의 평균 체온(심부 체온)은 36.89℃라고 하며, 만들어낸 에너지의 75%가 체온 유지를 위해 소비됩니다.

포유류로 분류되는 인간은 체온이 거의 일정한 항온동물이며, 포유류는 체온이 1℃ 올라가면 감염되는 균의 종류가 4~8% 줄어듭니다. 사람은 약 37℃의 체온을 유지하기 위해 100종류의 병원균과 싸우는데, 이를 위해서라도 체온 유지에 필요한 에너지를 생산해야 합니다.

체온이 유지되지 않아 36℃ 이하로 떨어지면 면역력이 저하됩니다. 예로부터 감기 기운이 있을 때 따뜻한 음료를 마셔서 몸을 따뜻하게 하라는 생활의 지혜는 과학적으로도 옳았던 것입니다. 반대로 인간의 체온이 42℃를 넘으면 장기 기능을 조절하는 효소가 약해져 생명이 위험해집니다.

생명 유지를 위해 필요한 에너지양을 기초대사량이라고 합니다. 성별이나 연령에 따라 다르지만 성인 남녀의 경우 1일 기초대사량은 1,500kcal(약 6,300kJ)입니다. 이 에너지를 일상생활에서 식사로 얻을 경우 1.5~2배가 필요합니다.

체온은 뇌의 시상하부에서 조절합니다. 열을 운반하는 혈관은 체내에 퍼져 있으며 그 길이는 성인 기준 10만km 정도에 이릅니다. 또 피하지방은 체온이 발산되는 것을 방지해 줍니다.

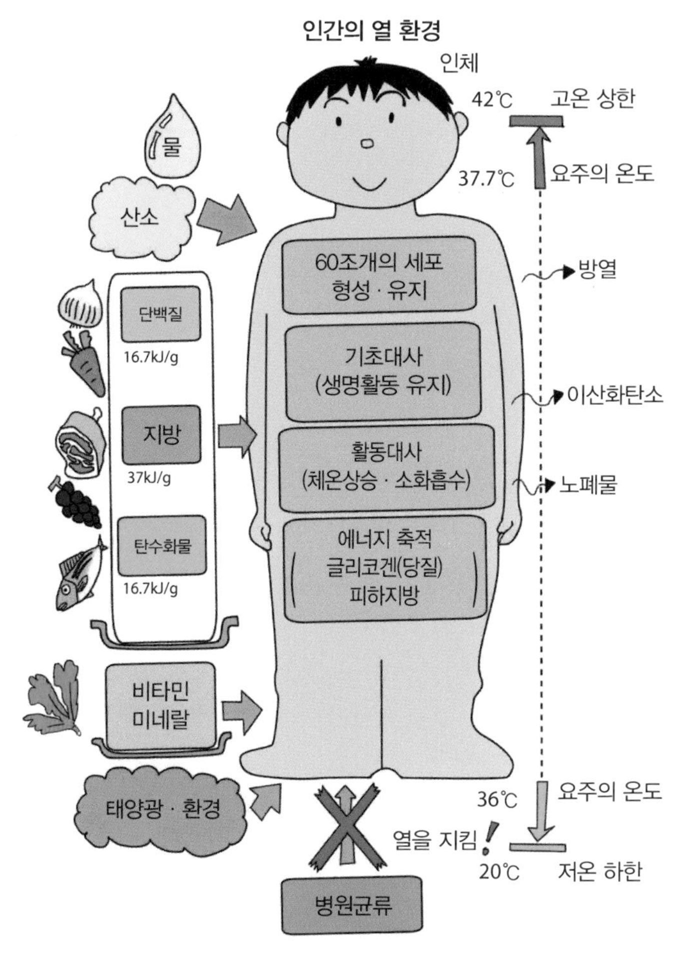

그림. 인간은 60조 개 세포의 유지와 활동과 더불어 비상시를 대비해 에너지를 축적하여 체온을 약 37℃로 유지합니다. 체온이 높아야 병원균의 침입을 막을 수 있지만, 너무 높아도 대사 활동에 지장이 생깁니다. 인간은 시시각각 절묘한 밸런스 속에서 살아가고 있습니다.

4-2 체내의 열에너지는 누가 만들까?

체내에서는 구석구석에까지 흐르고 있는 혈액이 각각의 세포로 산소를 운반합니다. 세포에서는 산소와 세포 내에 존재하는 미세한 소기관 중 하나인 미토콘드리아가 열을 만듭니다.

미토콘드리아는 모든 진핵생물의 세포 내부에 존재하는 세포 소기관 중 하나로, 생명 유지를 위해 활동하는 물질을 만들어내는 가장 작은 고성능 제조 공장이라고 할 수 있습니다. 인간이 식물을 섭취하면 포도당이 만들어집니다. 혈액이 이 포도당과 산소를 세포로 보내면 미토콘드리아가 이것들을 받아들입니다. 그리고 생명을 유지하는 데 필수 물질인 ATP(아데노신3인산)를 합성하면서 이산화탄소와 물을 만들어냅니다. ATP는 에너지를 축적하거나 방출하면서 물질의 대사와 합성에 중요한 역할을 합니다. 이 ATP를 만들어내는 과정에서 열에너지가 발생합니다. 즉 체내의 열에너지는 미토콘드리아 활동의 부산물이라고 할 수 있는데 이는 체온의 유지 등 중요한 역할을 합니다.

미토콘드리아의 크기는 수 백nm(나노미터, 1nm는 1μm의 1,000분의 1)입니다. 인간은 약 60조 개(40~70조)의 세포로 이루어져 있으며, 작게는 정자 크기인 2.5μm에서부터 크게는 200μm까지 있습니다. 세포의 평균 지름이 10~30μm인 것을 보면 미토콘드리아가 얼마나 작은지 실감할 수 있습니다. 기관이나 부위에 따라 다르지만 세포 한 개에는 수십에서 수만 개의 미토콘드리아가 들어 있으며 미토콘드리아의 총 중량은 체중의 10%에 해당한다고 합니다.

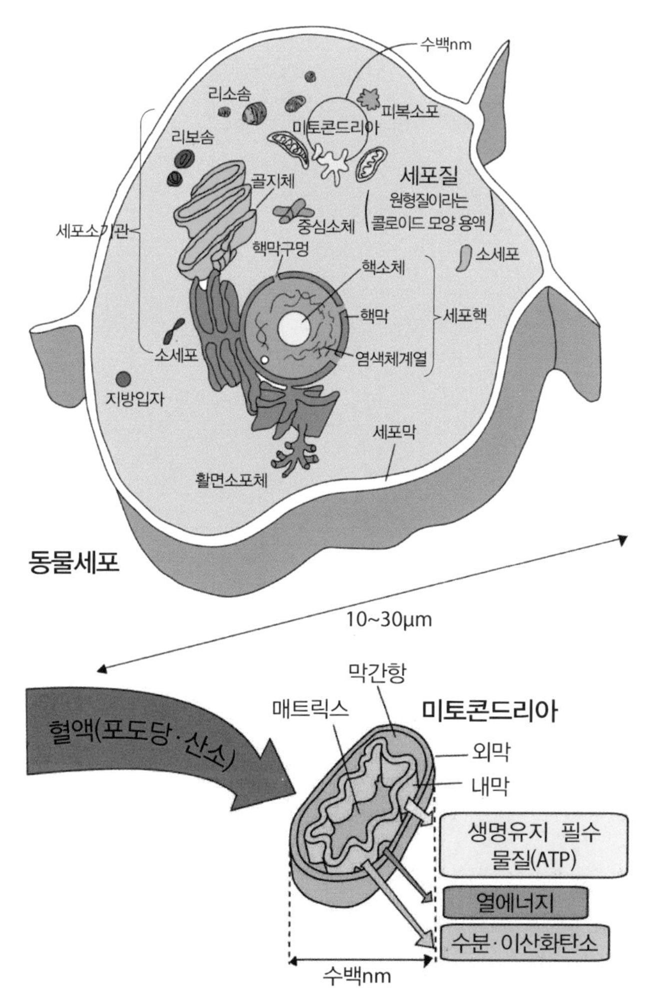

그림. 세포 소기관 중 하나인 미세한 미토콘드리아는 물질의 화학 반응을 이용하여 생명 물질을 생산하고 에너지 변환 장치로 활동합니다. 각 미토콘드리아는 혈액으로부터 산소와 포도당을 받아 밤낮으로 쉬지도 않고 열에너지를 만들어 엄청난 수량으로 사람의 몸을 지탱하기에 충분한 열에너지를 공급하고 있습니다.

4-3 땀을 흘리는 효과는?

몸에서 땀이 배출되는 것은 체온 조절을 위한 자연스러운 현상입니다. 운동처럼 눈에 보이는 활동을 하지 않더라도, 우리는 끊임없이 땀을 흘립니다. 땀을 흘리면 열이 체외로 운반되고, 그 땀의 증발열로 인해 체온이 더욱 낮아집니다.

피부 가까이에 있는 혈관은 외부 환경에 민첩하게 반응합니다. 더울 때는 표면적이 늘어나 외부로 열을 발산하기 쉽도록 팽창하고, 추울 때는 열이 달아나지 않도록 수축합니다. 이런 혈관의 활동은 심부 체온이라고 하는 사람의 활동과 관련된 기초 열로, 각 기관을 보호하는 역할을 합니다. 열은 피부의 표층 0.2mm 정도의 단단한 표피 아래에 있는 진피의 모세혈관을 통해 운반되어 체온을 조절합니다.

땀은 세 종류로 분류할 수 있습니다. 첫 번째는 위에서 설명한 체온 조절(에크린 땀)을 위해 흘리는 땀이고, 두 번째는 긴장(스트레스)에 의해 흘리는 정신성 발한, 세 번째는 매운 음식을 먹었을 때 이마에서 나는 미각성 발한입니다.

정신성 발한의 경우에는 생존 본능에 의한 발한이라고도 하는데, 손바닥이나 발바닥에 집중적으로 땀이 납니다. 폭포처럼 흐르거나 습기로 불쾌해서 나는 식은땀도 있으며, 이런 땀은 건전한 땀과 비교했을 때 나오는 장소와 성분이 다릅니다.

땀을 흘리는 양은 사람의 체중이나 운동 상태, 외부 환경(온도, 습도)에 따라 다릅니다. 예를 들어 체중 65kg의 사람이 30℃의 실내에 앉아 있을 경우 하루에 3리터의 땀을 흘리고, 낮에 야외를 걸을 경우에는 1시간에 0.5리터의 땀을 흘립니다. 땀은 증발하면 옷을 통과해 외부로 발산되는데, 하루 발한량이 3리터일 경우 보통 78W의 열을 방출하는 것과 같으며, 하루로 환산하면 1,614kcal(6760kJ)나 됩니다. 이를 통해 에너지와 수분 보충이 얼마나 중요한지 알 수 있습니다. 수분 보충을 위해 물을 마실 때는 조금씩 자주 마시는 것이 좋습니다.

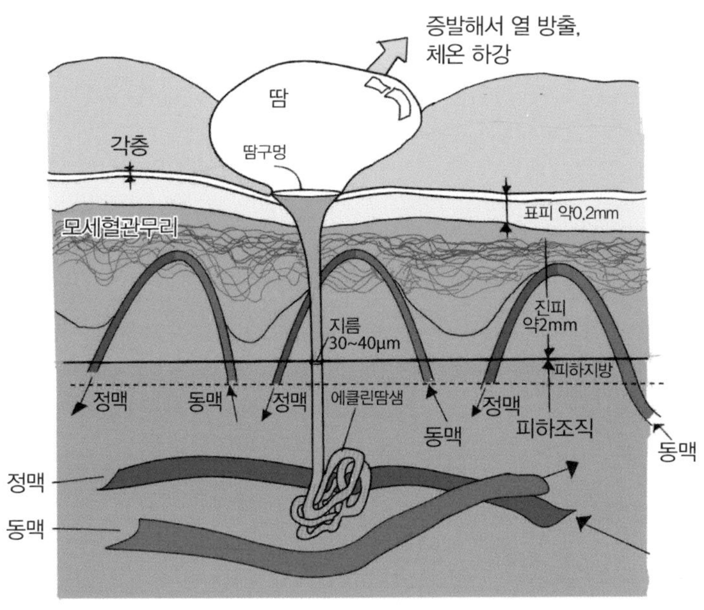

그림. 땀을 내보내는 땀샘은 부위에 따라 밀도가 다른데 특히 손바닥에 많으며 온몸에 약 300만 개가 있습니다. 진피 바로 아래에 있는 피하조직에는 열을 교환하는 곳이 있습니다. 땀샘은 코일 모양으로 되어 있으며 지름은 30~40μm 정도입니다. 땀은 열을 밖으로 내보내며 표면에서 증발합니다. 이때 체표면으로부터 열을 빼앗아 체온을 내립니다.

4-4 동물들의 추위 대책은?

추운 지역에 서식하는 동물의 표면을 덮고 있는 털은 상모와 하모 두 종류로 나뉩니다. 상모는 짐승 몸에 난, 숱이 많고 긴 털이며 하모는 솜털입니다. 상모는 두껍고 길며 탄력성과 내수성이 있고 비나 눈, 진눈깨비 등으로부터 몸을 보호하는 역할을 합니다. 한편 하모(솜털)는 동물의 내부 환경을 정비하는 역할을 합니다. 솜처럼 짧고 얇은 털이 밀집되어 있는데 얇은 솜털 틈에 공기를 가둬 체온 유지와 발열 조절, 수분 배출 등을 담당합니다.

동물의 추위 대책 중 일반적인 방법은 혈관으로 체온을 회수하는 방법입니다. 어떤 동물이든 체표면의 온도는 바뀔 수 있지만, 심부 체온은 유지해야 합니다. 내부 장기의 온도가 유지되어야 대사가 정상적으로 이루어지기 때문입니다. 이 때문에 바깥 공기와 닿는 표피조직을 이용해 추위에 대비합니다.

심부 체온을 유지하기 위해서는 열 방출을 최대한 억제해야 합니다. 즉 표피와 체온 차를 최대로 늘리는 것이 중요한데 그렇다고 해서 바깥 공기에 닿는 기관이 추위로 인해 동상에 걸려서는 안 됩니다. 이를 피하기 위해 체내에는 2단계의 열 회수 기능이 갖추어져 있습니다. 보통 열을 운반하는 모세 동맥이 몸속 구석구석에 퍼져 있어 심부에서부터 표피까지 열전도로 열을 전달합니다. 이는 간접적인 방법이라고 할 수 있습니다.

이 방법과는 달리 어떻게 해서든 표피 근처의 온도를 올려야만 하는 경우에는 동맥을 확장하는 등 직접적인 방법을 취합니다. 단 몸의 말단에서 심장으로 돌아오는 정맥 온도가 차가운 상태에서는 주위의 열을 빼앗아 심부 체온을 내릴 우려가 있습니다. 그래서 조금 두꺼운 동맥 주변에 차가운 정맥을 그물코 모양으로 엮어 동맥의 열을 회수할 수 있도록 합니다. 이것을 대항류 열교환이라고 합니다.

그림. 펭귄의 경우 다리가 붙어 있는 경계선까지는 조금 두꺼운 동맥으로 열을 보내고, 그곳에 정맥망을 엮어 온도를 올린 다음 심장으로 돌려보냅니다. 경계선의 앞부분은 얇은 동맥이 발끝까지 퍼져 있습니다. 펭귄의 심부 체온은 38~39℃이고 다리 온도는 6~8℃ 전후라고 합니다.

4-5 식물의 온도 조절법은?

식물은 광합성을 위해 태양광을 최대한 많이 받으려고 잎을 무성하게 합니다. 이때 받은 에너지의 80% 이상이 열로 바뀌기 때문에 이를 배출해야만 합니다. 이 문제를 해결하는 열쇠가 기공이라고 하는 출입구에 있습니다. 식물은 기공에서 수분을 증산작용으로 증발시키고 증발 잠열을 활용하여 잎의 온도를 내립니다.

식물의 기공은 보통 잎의 뒷면에 많습니다. 어떤 식물은 잎의 뒷면 1mm 사방에 약 100개의 기공이 있다고 합니다. 이 기공을 닫거나 열어서 광합성에 필요한 이산화탄소(CO_2)를 받아들이고 산소와 온도 조절용 수분을 대기로 방출합니다. 식물과 관련된 대부분의 기체 출입은 이 기공이 담당합니다.

기공의 개폐 부분에는 공변세포라고 불리는 세포가 있습니다. 이 세포는 안쪽이 두껍고 바깥쪽이 얇은 세포벽으로 이루어져 있으며, 태양의 청색 빛(390~500nm의 파장)에 반응하면 닫힌 상태의 몇 배나 되는 농도의 칼륨 이온이 축적됩니다. 이 때문에 세포의 침투압*이 상승하여 주위로부터 물 분자가 유입됩니다. 그 결과 공변세포 전체의 부피가 늘어나 바깥쪽의 세포벽을 눌러 공변세포 사이를 확장하면 기공이 열리는 것입니다. 반대로 수분이 부족하면 식물 내의 호르몬이 활동하여 기공이 닫히도록 재촉해 수분이 체내에 머물 수 있도록 합니다.

---

* 침투압: 세포막으로 나누어진 농도가 다른 두 액체 사이에서 농도가 낮은 쪽에서 높은 쪽으로 물이 이동하는 힘

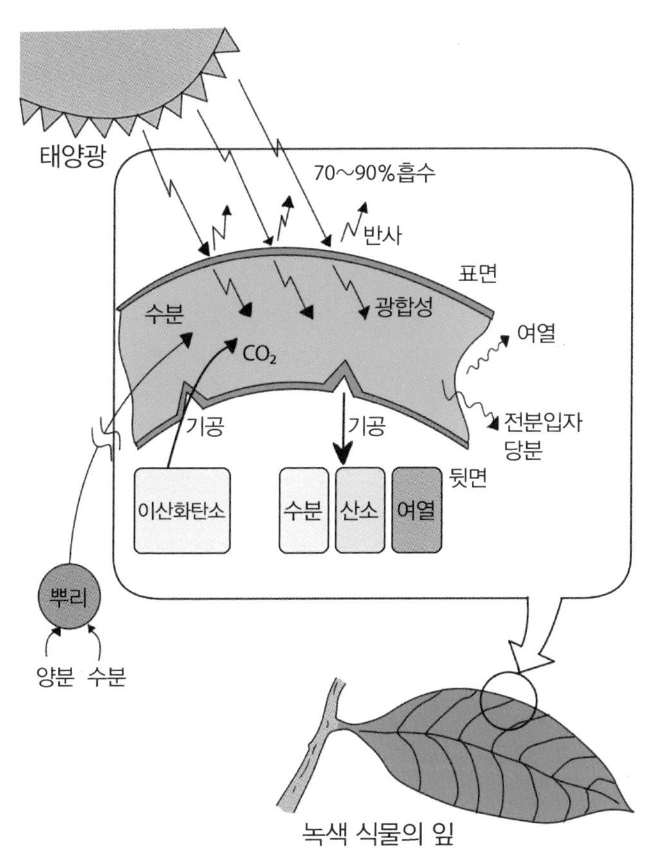

그림. 식물 잎의 주요 역할은 태양광을 흡수하여 광합성을 하는 것입니다. 그중에서 기공은 광합성에 필요한 이산화탄소를 공기 중에서 받아들이고, 광합성 반응 결과 생성된 산소를 배출합니다. 이와 동시에 온도 조절을 위해 흡수한 태양 에너지의 80% 이상에 해당하는 열을 증발 잠열을 이용하여 외부로 방출합니다.

열에 필요한 '3R'

본문에도 나왔듯이 에너지를 효과적으로 이용하기 위해서는 '3R'이 필요합니다(p.69 참조). 바로 열의 사용량을 줄이는 리듀스(Reduce), 열을 재활용하는 리유즈(Reuse), 열을 변환하여 재순환(재자원화)시키는 리사이클(Recycle)입니다.

리듀스의 경우, 열의 사용 방법을 근본부터 재점검하여 최소한으로 목적을 달성하는 것이 목표입니다. 예를 들면 차광 · 차음 커튼에 차열이나 단열 기능을 더해 난방이나 냉방을 절약할 수 있습니다. 조만간 축열 기능이 있는 제품이 등장할 수도 있습니다.

열의 재활용(Reuse)은 열의 다단계 이용을 전제로, 한 번 만든 열을 철저히 끝까지 이용하는 것을 말합니다. 열을 이용할 때는 목적마다 최적의 온도가 있어서 이를 단계적으로 사용하면 열 전체를 효과적으로 사용할 수 있게 됩니다. 예를 들어 도시 쓰레기의 소각열을 증기 발전에 사용하고, 이 폐열을 온수 풀의 열이나 지역난방에 이용할 수 있습니다.

열의 재순환(Recycle)에서는 한 번 이용한 열을 버리지 않고 폐열을 이용하여 증기 발전이나 열전발전(p.151 참조)에 사용하기 편한 에너지인 전기로 바꿀 수 있습니다. 폐열을 이용해 다른 제품을 만드는 것도 포함됩니다.

열은 환경 온도와의 차이가 클수록 이용 가치가 있습니다. 단 열은 그대로의 상태에서는 운반하기 어렵기 때문에 열이 발생한 그 자리에서 이용하는 등의 아이디어가 필요합니다. 개인 생활에서도 적용할 수 있는 방법이 있을 것입니다.

제조 산업에 이용되는 열

우리 주변의 모든 물건은 열의 다양한 성질을 활용하여 만들어집니다. 그 구조에 대해 알아봅시다

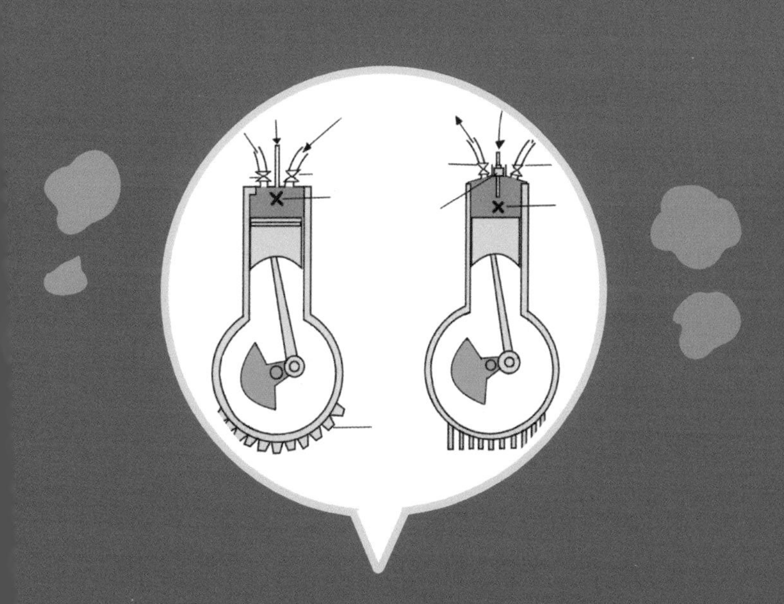

5-1 금속 결정을 재생할 수 있을까?

금속 결정의 상태가 우리 생활과 어떠한 관계가 있는지 바로 떠오르는 사람은 많지 않을 것입니다. 그도 그럴 것이 이 의문은 금속 제품을 만드는 과정에서 발생하기 때문입니다.

나이프나 식칼, 가위, 손톱깎이, 바늘 등은 거의 매일 사용하는 흔한 물건이긴 하지만 금속을 가열 · 급랭하거나, 두드려서 구부리거나, 당겨서 두께를 바꿔야 만들 수 있습니다. 이처럼 가공해도 제품 모양이 변형되지 않고 성능이 떨어지지 않도록 하기 위해, 풀림(가공했다 서서히 식히는 처리법)이라는 공정을 반드시 거칩니다. 풀림 공정을 넣으면 가공에서 발생한 금속 결정의 변형이 해소되어 원래의 부드러운 결정 구조로 돌아갑니다.

예를 들어 안전한 면도칼은 작은 칼날 모양을 정렬한 다음 칼이 잘 들게 하기 위해 가공 중간에 풀림 공정을 3회나 진행합니다.

이상적인 금속의 결정 입자는 크기가 규칙적으로 가지런하게 배열되어 있습니다. 그런데 금속을 가공하면 부분적으로 결정 입자 집단이 한쪽으로 쏠리면서 모양이나 크기가 변형되고, 이로 인해 그 부분이 단단해지거나 물러집니다.

이렇게 변형이 많은 금속도, 전체 온도를 천천히 올리면 변형된 부분의 결정 입자들끼리 달라붙어서 성장합니다. 그리고 온도를 천천히 실온으로 낮추면 결정 입자가 가지런했던 원래의 금속 조직으로 바뀝니다. 이것이 풀림입니다.

결정 입자의 구조가 변화하기 시작하는 온도를 연화점이라고 합니다. 연화점은 금속이 액체가 되는 온도인 녹는점과 관계가 있습니다. 냄비 등에 사용되는 알루미늄의 녹는점은 약 660℃, 연화점은 270℃이기 때문에 녹는점의 반 이하의 온도에서 조금씩 부드러워집니다.

그림 1. 알루미늄을 가스레인지로 가열하면 쉽게 구부릴 수 있으며, 한번 구부리면 원래 상태로 돌아가지 않습니다.

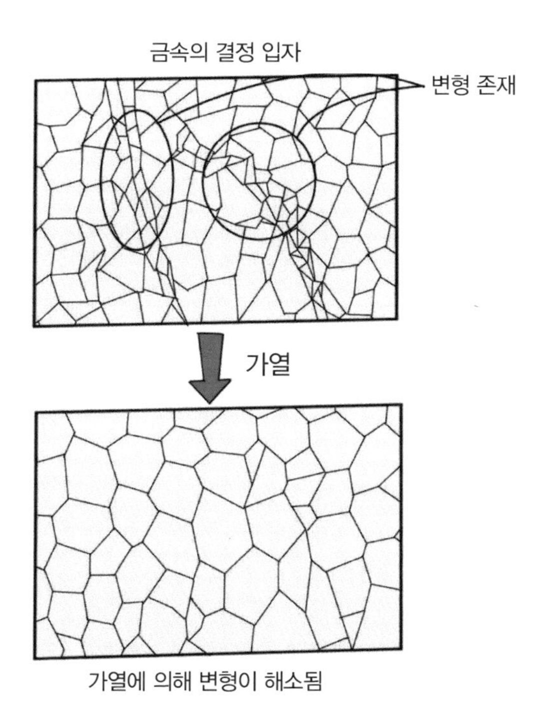

그림 2. 금속의 결정 입자는 소재의 종류에 따라 크기나 모양이 다른데, 강제적으로 더해진 힘으로 변형된 결정 입자가 섞여 있기 때문에 변형되는 것이 일반적입니다. 이런 금속도 온도를 천천히 올리면 열에 의해 변형이 해소되고 재결정화가 되기 때문에 크기가 가지런하게 바뀝니다.

5-2 열을 스위치로 이용할 수 있을까?

자동 온도 조절기란, 특정 온도를 일정하게 유지해주는 장치입니다. 다양한 방식이 있지만 바이메탈을 스위치로 한 것이 가장 대표적입니다.

일반적으로 금속의 온도를 올리면 각각의 특성에 따라 팽창합니다. 바이메탈은 종류가 다른 두 장의 금속판을 밀착시켜 하나로 만든 것이기 때문에 많이 늘어나는 판이 조금 늘어나는 판 쪽으로 휘게 됩니다. 즉 온도를 바꾸기만 하면 규칙적으로 휘게 하거나 원래 상태로 돌아가게 할 수 있습니다. 이것을 전기 스위치에 적용합니다.

우리 주변에는 열을 이용하는 다양한 가전제품과 설비가 있습니다. TV, 냉장고, 전자레인지, 전기주전자, 가스레인지, 온수기, 가습기, 건조기, 에어컨, 프린터 등에는 물론 차량용 에어컨에도 바이메탈이 사용됩니다.

최근에 온도가 바뀌어도 매우 조금만 늘어나는 인바(니켈을 36% 함유한 철)가 발견되었습니다. 또 망간과 동 · 니켈 합금은 온도가 바뀌면 매우 많이 늘어난다는 것이 확인되었습니다. 같은 온도에서도 이 두 금속이 늘어나는 비율은 20배나 높습니다. 이 금속을 사용하여 바이메탈을 만들면 온도 변화가 작아도 변형이 커서(즉 감도가 높음), 열을 취급하는 모든 분야에서 바이메탈을 이용하게 되었습니다.

바이메탈의 구조는 간단해서 100만 회 이상 반복되는 동작에 충분히 견딜 수 있습니다. 단 온도가 과도하게 상승하면 고장이 나거나 화재가 발생할 가능성이 있습니다. 하지만 바이메탈은 우리가 안심하고 안전하게 생활할 수 있도록 숨은 조력자 역할을 하고 있습니다.

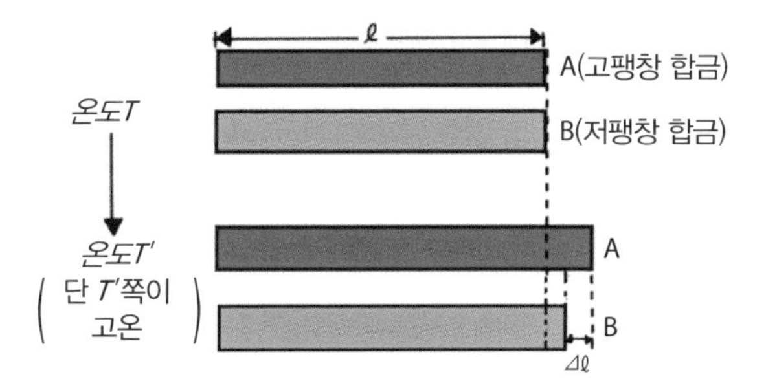

그림 1. 고 팽창 합금 A와 저 팽창 합금 B의 온도를 바꾸면 A와 B의 길이가 달라집니다. 이것을 사용 환경의 열 이상 검사에 이용하기 위해 하나로 접착하여 바이메탈을 만듭니다.

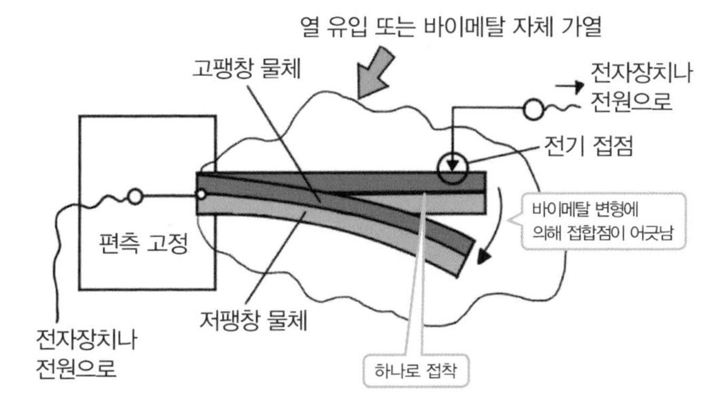

그림 2. 두 장의 평판을 맞붙인 다음 바이메탈을 전기 접점에 맞춰 배치한 것입니다. 온도가 상승하면 전기 회로가 차단됩니다. 이처럼 바이메탈로 전류를 흘려보내는 경우도 있어서 합금의 전기 저항률 크기에도 주의를 기울여야 합니다.

5-3 형상 기억 합금은 왜 원래 형태로 돌아갈까?

형상 기억 합금을 사용한 안경 프레임은 이미 상용화되어 있습니다. 이 프레임은 고온이었을 때의 형상을 기억하고 있기 때문에 상온에서 변형되어도 온도를 올리면 쉽게 원래 형태로 돌아갑니다.

형상을 기억할 수 있는 이 구조는 금속 결정의 마텐자이트 변태라고 불리는 현상에 기인합니다. 마텐자이트 변태는 외부에서 힘을 가해도 결정을 구성하는 원자들이 떨어지지 않고 변형됩니다. 즉 인간의 관절과 마찬가지로 외부의 힘을 받아도 원자의 위치가 바뀌기만 할 뿐 결정 구조는 그대로 유지되는 것입니다. 게다가 형상을 기억시킨 온도로 조절하면 이동시킨 원자의 위치가 원래대로 복원되기 때문에 원래 형상으로 돌아갑니다. 이처럼 원자가 따로따로 떨어지는 일 없이 변태한다는 의미에서 무확산 변태라고도 합니다.

형상 기억 합금은 온도 변화로 변형되거나 원래 상태로 돌아가는 것을 반복합니다. 이 점은 바이메탈과 비슷하지만, 한 종류의 합금으로 실현할 수 있다는 것이 장점입니다. 또 구조가 더 단순해서 응용 분야도 다양합니다. 다만 현재 사용 온도 범위가 100℃ 이하로 한정되어 있다는 점이 단점입니다.

우리 주변에서 흔히 볼 수 있는 예로 형상 기억 합금 용수철을 들 수 있습니다. 정해진 온도에 달하면 용수철의 형상이 바뀌는 것을 이용합니다. 예를 들어 밥솥의 압력 조절 밸브에서는 이 용수철을 열어 남은 증기를 내보냅니다. 커피 메이커에서는 물이 끓는 온도에서 형상기억합금 용수철이 늘어나 밸브가 열리면서 커피 원두에 뜨거운 물이 부어지는 중요한 역할을 담당합니다.

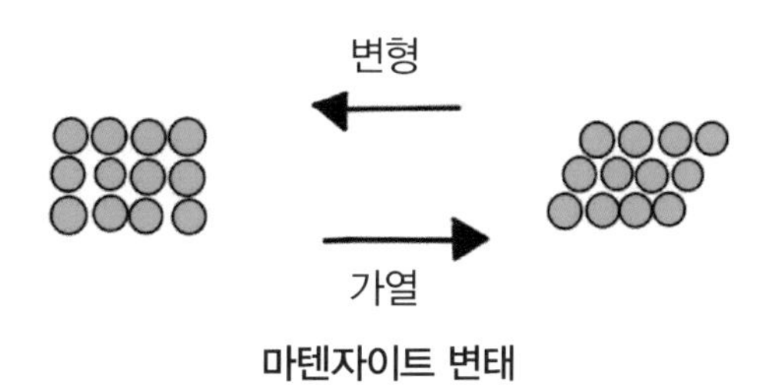

그림 1. 서로의 위치가 어긋나지 않고 밖으로 튀어 나가, 모양을 변형시키지 않아도 일정한 범위 이내라면 변형할 수 있습니다. 현재 이용할 수 있는 온도 범위는 100℃ 이하입니다.

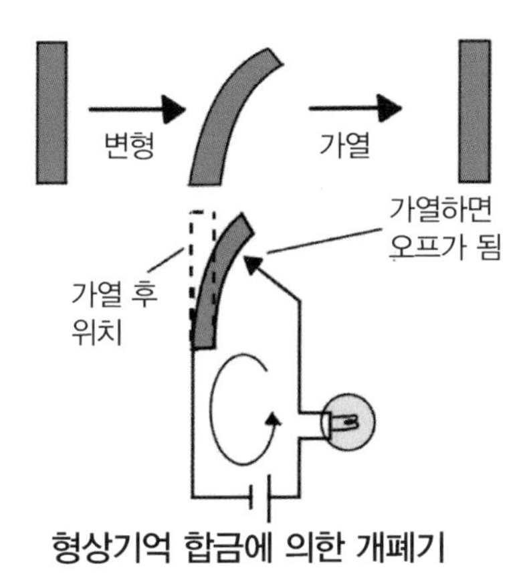

그림 2. 제품의 일례로 열 스위치 사진입니다. 100℃ 이상의 고온에서 사용할 수 있게 되면 용도가 훨씬 다양해지기 때문에 새로운 합금 연구가 계속 이루어지고 있습니다.

5-4 물질의 네 번째 상태인 '플라스마'란?

물질은 원자가 결합한 것이지만 이 결합은 온도에 의해 분리됩니다. 이것이 고체가 액체가 되고 기체가 되는 상태 변화입니다. 기체는 원자 또는 분자가 입자로 돌아다니는 상태인데, 온도를 더 올리면 분자는 분리되어 원자가 되고 결국 원자 속의 전자가 떨어져 나가게 됩니다. 이 변화를 전리라고 하며, 전리에 의해 생긴 하전 입자가 포함된 기체를 플라스마(전리기체)라고 합니다. 플라스마 상태라고 하더라도 플러스로 하전한 원자핵(이온)과 마이너스 전자의 수는 균형을 이루기 때문에 전기적으로 중성입니다.

플라스마에는 이온(+)과 전자(-) 이외에 중성 원자와 분자도 섞여 있습니다. 이 중성 원자는 분자가 열에너지에 의해 분리된 것으로, 플라스마의 전기적인 중성 상태가 붕괴되려 할 때에는 정전기력이 작용하여 중성을 회복하려고 합니다. 이온과 전자는 중성 원자와 충돌하는데, 이온이나 전자끼리는 전기적으로 서로 반발하여 부딪치지 않습니다. 이온과 전자는 클론력이라고 불리는 힘으로 끌어당기지만, 플라스마는 열에 의한 운동이 끌어당기는 힘보다 강하기 때문에 결합하지 않습니다.

우리 주변에서 볼 수 있는 플라스마 상태는 형광등이나 촛불의 불꽃이 있고, 제품으로는 네온사인이 있습니다. 후자는 네온(Ne)이라는 가스가 약 0.005 기압에 갇혀 빛을 발하는 것입니다. 내부에 있는 전자의 온도는 2만 5,000K 정도 되고 이온은 약 1,500K, 중성자는 400K이기 때문에 접촉할 때 화상에 주의해야 합니다. 네온사인에는 아르곤(Ar), 헬륨(He), 크세논(Xe)과 같은 가스가 사용되며 다양한 색을 발합니다.

여기에서 온도를 더 올리면 완전 전리 플라스마가 됩니다. 전자 온도를 10만~20만K로 올리면 중성자는 점점 이온과 전자로 나뉘어 없어지기 때문에 모두 이온과 전자가 되고, 더 이상 충돌하지 않게 됩니다. 1,000만K 정도 되면 동과 비슷한 정도의 저항을 보입니다. 이 정도의 온도가 되면 반대로 이온끼리 부딪칠 가능성이 있는데 이때 핵융합 반응이 일어납니다. 이것이 태양 내부에서 일어나는 반응입니다.

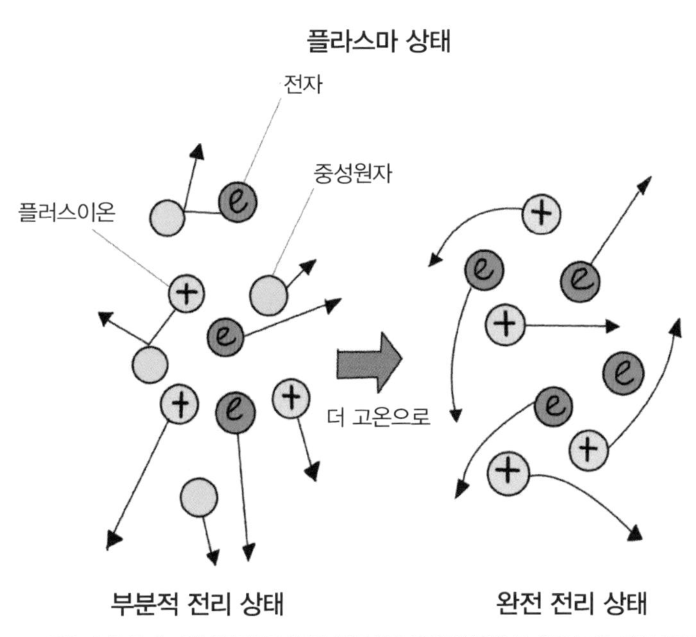

그림. 수 천K일 때는 중성 원자가 남아 있지만 이온과 전자 운동이 격렬해집니다. 온도가 10만~20만K 정도까지 상승하면 전부 이온과 전자로 분리됩니다. 이온과 전자는 전기적으로 끌어당기는 힘(쿨롱력)이 작용하지만, 열에 의한 운동에너지가 우세하여 부딪치지는 않습니다.

5-5 '열이 일을 한다'는 것은?

날달걀을 전자레인지로 익히면 안 되는 이유는 무엇일까요? 전자레인지는 수분을 함유한 재료를 내부에서 마찰열로 가열하는데, 달걀의 경우에는 껍질이 깨져 내용물이 사방으로 튀기 때문입니다. 뒷정리는 힘들겠지만, 과학적인 관점에서 열에 의한 일임을 명확하게 보여주는 훌륭한 사례 중 하나입니다.

열에 일을 시키는 다른 사례를 찾아봅시다. 밀폐 용기에 공기 등의 기체를 넣고 가열합니다. 당연히 내부의 기체가 팽창하여 압력이 높아지기 때문에 밸브를 열면 힘껏 공기를 내뿜습니다. 이것을 프로펠러에 적용하면 회전하고, 이 프로펠러에 모터를 연결하면 전기를 만들어냅니다. 즉 열이 공기라는 매체를 사이에 두고 전기를 만드는 일을 한 셈입니다. 단 용기 내부의 압력이 대기압과 같아지면 일을 하지 않게 됩니다. 열이 일을 계속하게 하려면 증기 사이클 같은 구조가 있어야 합니다(p.146 참조).

위의 사례는 열에 의한 입자의 운동이 초래하는 일인데, 가열된 물질은 온도에 따라 다양한 파장의 전자파를 방사합니다. 대표적으로는 태양 빛이 있는데, 우리가 광 에너지라고 부르는 것은 열에너지가 변환된 것이기도 합니다. 열로 직접 전기를 만들 때는 열광 전지를 이용합니다. 이것은 열에서 나오는 전자파를 태양전지의 구조를 이용해 얻는 것으로, 본체가 견딜 수 있는 범위라면 어떤 열이든 전기를 만들 수 있습니다.

열에서 기계에너지로

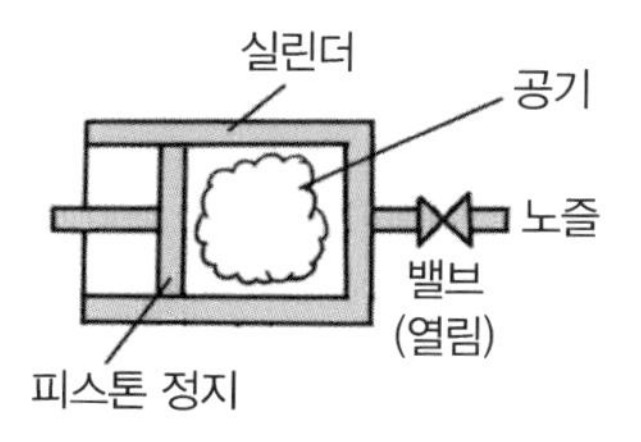

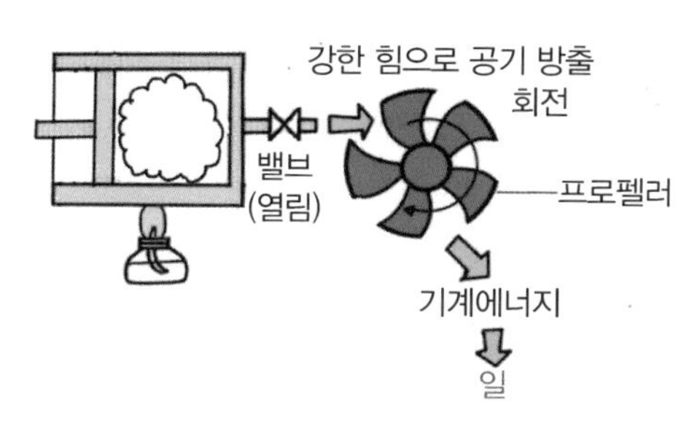

열에서 전기에너지로

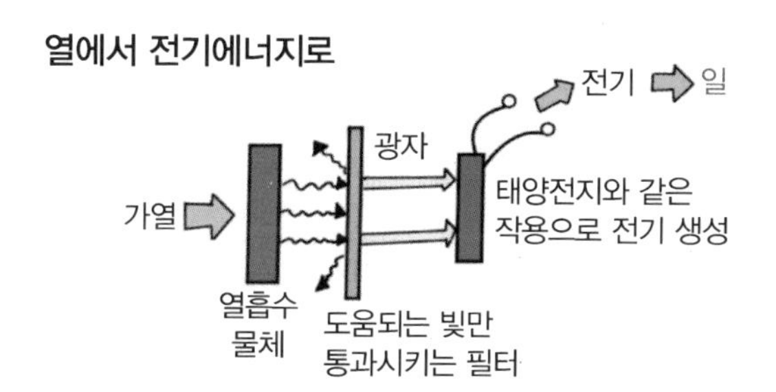

그림. 피스톤을 고정한 상태에서 실린더 안의 공기를 가열하면 온도에 비례하여 압력이 상승합니다. 끝에 있는 밸브를 열면 이 압력이 대기압과 같아질 때까지 내부의 공기가 분출됩니다. 이것으로 프로펠러를 회전시키면 기계 에너지로 변환할 수 있어 동력으로 사용하는 등 일을 시킬 수 있습니다. 단 지속하기 위해서는 증기 사이클 같은 구조가 있어야 합니다. 또 열은 전자파 집합이므로, 에너지가 높은 전자파만 사용하여 태양전지와 같은 구조로 전기를 만들 수 있습니다.

5-6 엔트로피란?

체온보다 높은 온도의 욕조에 들어가면 몸이 따뜻해지는데, 이는 물에서 열을 받았기 때문입니다. 체온보다 차가운 물로 샤워하면 시원해지고, 얼음을 손으로 만지면 손에 있던 열을 빼앗기기 때문에 차갑게 느껴집니다. 뜨거운 차도 방에 방치해 두면 어느 순간 실온과 같은 온도로 내려갑니다. 이 모든 것들은 일상에서 당연히 일어나는 일입니다.

물이 높은 곳에서 낮은 곳으로 흐르는 게 당연하다고 생각하는 이유는 모든 것에 중력이 작용하고 있기 때문입니다. 높은 지점에 있는 물은 높이에 비례하는 위치에너지가 있어서 낮은 곳보다 큰 에너지를 갖고 있습니다. 반대로 낮은 곳에서 높은 곳으로 물을 옮기려면 펌프를 사용하거나 사람이 양동이로 옮기거나 에너지를 가해야 합니다.

열에너지에서도 같습니다. 온도가 높은 것은 열에너지가 강하고 낮은 것은 입자의 운동에너지가 작아서 열에너지가 약합니다. 또 고온의 열에너지는 철을 녹이거나 조리할 때 재료를 익히는 등 다양한 곳에 사용할 수 있지만 상온에 가까운 열에너지는 사용할 수 있는 곳이 상당히 제한됩니다.

같은 열에너지라도 온도에 따라 질적인 차이가 있다는 것을 알 수 있습니다. 열에너지는 아무것도 하지 않으면 필연적으로 질이 높은 쪽에서 낮은 쪽으로 흐릅니다. 이 에너지의 질을 나타내는 양에 엔트로피가 있습니다. 열에너지를 방치하면 엔트로피가 점점 커집니다. 이것을 엔트로피 증대 법칙이라고 합니다. 엔트로피의 단위는 'W/K'입니다. 엔트로피를 낮추기 위해서는 목욕물을 데우는 것처럼 에너지를 가해야 합니다. 열을 사용하는 제조 현장에서는 이 구조를 활용하여 재료를 가공하기도 하고 화학 에너지나 다른 에너지를 사용하기도 합니다.

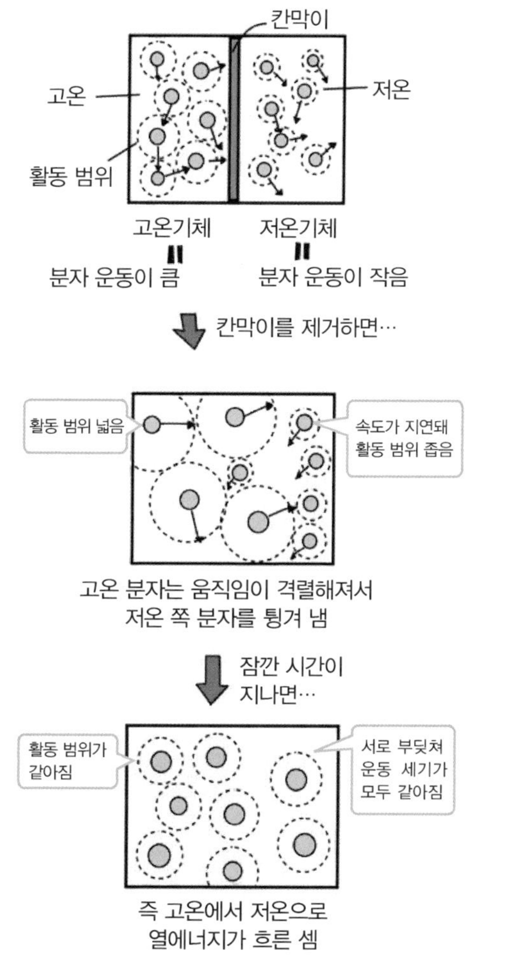

그림. 온도의 차이는 분자 운동 크기의 차이입니다. 분자끼리 부딪칠 때 강한 쪽의 분자 에너지는 감소하고 약한 쪽은 에너지를 받아 평균이 됩니다. 결과적으로 고온의 열에서 저온의 열로 에너지가 이동한 것입니다. 이것을 엔트로피가 증대했다고 합니다.

5-7 열을 100% 일로 바꿀 수 있을까?

전기 자동차나 하이브리드 자동차처럼 전기를 모터에서 동력으로 바꾸면 효율이 거의 100%로, 이론상으로는 100% 변환할 수 있습니다(변환효율 100%라고 함). 하지만 열을 전기나 기계 등 다른 에너지로 변환할 때는 이론상으로 100%는 기대할 수 없습니다. 이것이 열이 다른 에너지와 결정적으로 다른 점입니다. 그 이유를 수력발전의 위치에너지와 증기 발전(p.146 참조)의 열에너지로 설명해 보겠습니다.

수력발전은 높은 곳에 있는 물 에너지(위치에너지)를 이용합니다. 토지나 산을 해발 OOm로 표현하듯이 높이 기준은 해면입니다. 높은 곳에 모아둔 물을 해발 0m에 있는 물레방아로 낙하시키면 물의 위치에너지를 물레방아의 회전으로 100% 바꿀 수 있습니다. 물레방아를 회전시키면 물에는 더 이상 에너지가 남아 있지 않습니다. 에너지는 형태가 바뀌더라도 소멸하거나 증가하지 않습니다. 이것을 에너지 보존 법칙이라고 합니다.

한편 증기 발전에서는 열의 세기(온도)가 수력발전의 높이에 해당합니다. 그럼 온도의 기준은 무엇일까요? 바로 절대영도(0K)입니다. 그런데 현실적으로 증기 발전을 0K의 환경에 둘 수 없다는 문제가 있습니다. 보통 대기나 해수의 온도가 15~20℃ 정도 되기 때문에 절대온도 300K 정도라고 할 수 있습니다. 이러한 이유에서 일로 바꿀 수 있는 최대 온도 차는 고온 열원의 온도에서 300K를 뺀 수치가 됩니다. 비록 다른 손실이 제로였다고 하더라도 열에는 항상 이 핸디캡이 동반됩니다. 이 때문에 열의 변환효율이 100%가 되지 않는 것입니다.

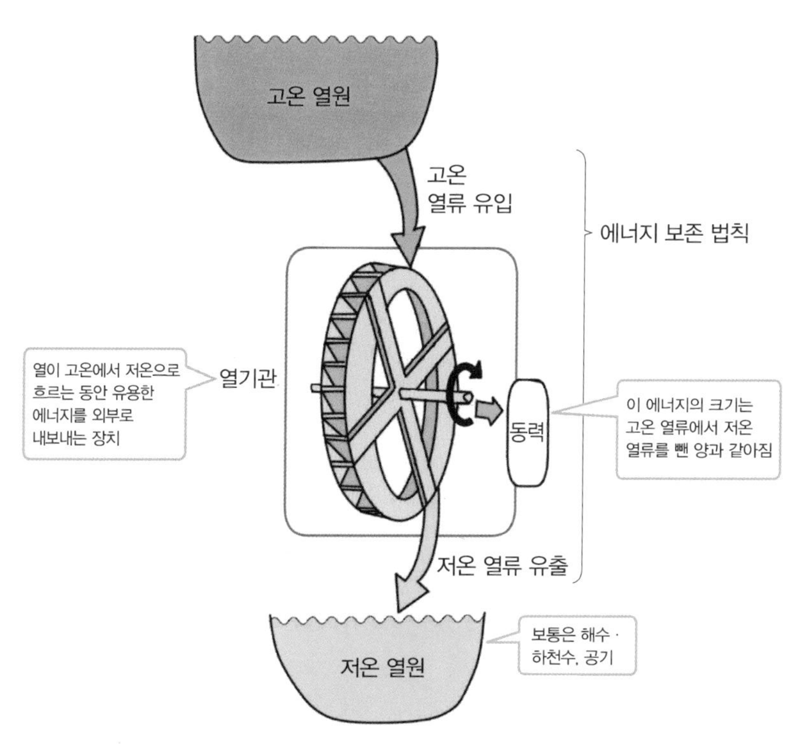

그림. 열에너지를 어느 정도의 비율로 다른 에너지로 변환할 수 있을지를 나타낸 지표가 에너지 변환 효율입니다. 이는 투입한 고온 열에너지에 대한 일의 비율을 퍼센트로 표시한 것입니다. 투입 에너지는 와트(W)이고 초당 투입 에너지가 됩니다. 외부로 나오는 일은 다른 에너지이지만 같은 와트로 표시됩니다. 예를 들어 고온 열원의 온도가 1,000K이고 저온 열원의 온도가 300K인 경우 이상적인 열기관의 변환 효율은 {(1000−300)/1000}×100%로 계산되어 70%가 됩니다. 실제 화력발전소에서의 효율은 41~55%, 자동차 엔진은 약 20~30%입니다.

5-8 스털링 엔진이란?

열기관 중 효율이 높고 모든 것을 열원으로 할 수 있는 스털링 엔진이 주목받고 있습니다.

기체는 온도가 높아지면 부피당 무게가 가벼워지는데, 이는 기체가 팽창하기 때문입니다. 밀폐된 용기에 기체를 넣고 데우면 입자 운동이 격렬해져서 용기의 벽을 세게 두드리기 때문에 압력이 높아집니다. 용기를 피스톤이 달린 실린더로 바꾸면 가열에 의해 피스톤을 누르려고 합니다. 반대로 기체를 냉각시키면 수축하여 피스톤이 당겨집니다. 이것을 반복하면 피스톤이 왕복 운동을 하여 크랭크축(L자형 축)에서 쉽게 회전 운동으로 바꿀 수 있습니다. 스털링 엔진에서는 가열과 냉각을 빨리 할 수 있도록 디스플레이서라고 하는 중간 피스톤을 사용합니다. 이 피스톤은 가열 부분은 항상 가열하고 냉각 부분은 항상 냉각하는, 중간에 기체가 통과할 수 있는 틈이 있는 피스톤입니다.

디스플레이서의 운동은 메인 피스톤과 타이밍을 다르게 해야 하는데, 크랭크 샤프트를 이용해 이를 실현할 수 있었습니다. 기체에는 고온에서도 안정적인 불활성 가스인 헬륨 등이 사용됩니다. 이론상으로는 이상적인 열기관과 같은 효율을 얻을 수 있지만, 실제로는 주변의 열 손실 등으로 인해 효율이 떨어져 자동차의 경우 40% 수준이라고 합니다.

스털링 엔진은 출력이나 순발력은 부족하지만 토르크가 강하며 폭발 공정이 없고 정온성이 뛰어나기 때문에 대형 선박 또는 이러한 장점을 살릴 수 있는 장소에서의 이용이 검토되고 있습니다. 단 기계에 사용할 경우 기계적으로 접촉하는 부분이 복잡하여 내구성 문제를 해결해야합니다.

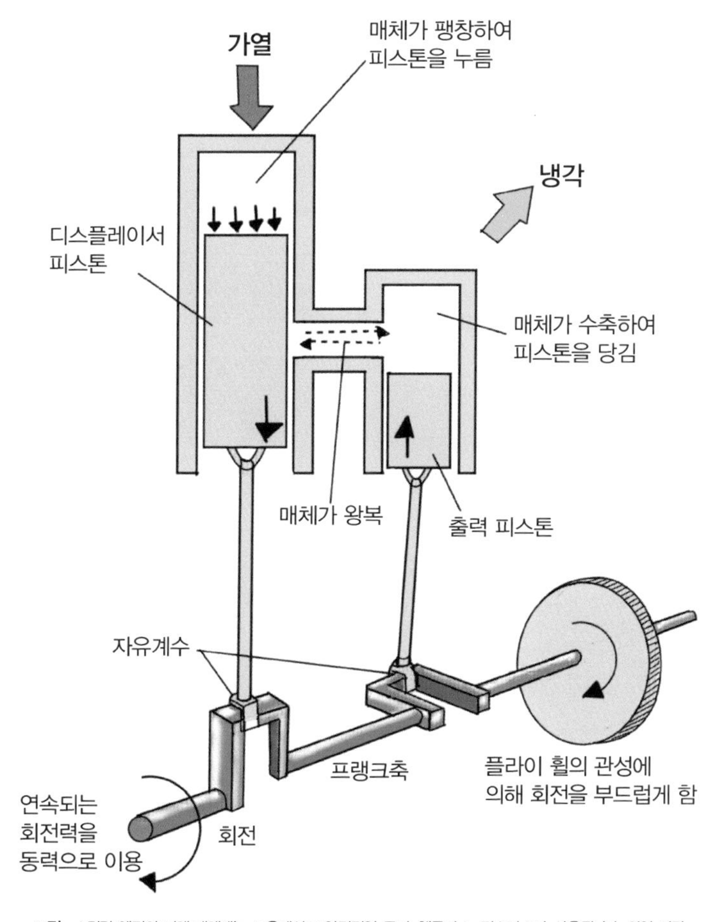

그림. 스털링 엔진의 기체 매체에는 고온에서도 안정적인 공기, 헬륨가스, 질소가스가 사용됩니다. 외연 기관이라는 점에서 태양열이나 폐열 등을 이용할 수 있어 적용 범위가 넓습니다.

5-9 증기로 발전하는 구조란?

증기 발전은 물을 끓인 수증기의 힘으로 터빈과 발전기를 돌려 끊임없이 안정적인 전기를 만들어내는 구조입니다. 열기관 중 하나인 증기 사이클(랭킹 사이클이라고도 함)이 사용됩니다.

수증기는 물이 기체로 바뀐 것이기 때문에 원래는 투명해서 보이지 않습니다. 일상생활에서 자주 보는 김은 수증기의 일부가 주변으로부터 냉각되어 작은 물방울로 바뀐 것입니다. 우리는 이 수증기와 작은 물방울의 집단도 '수증기'라고 부릅니다. 압력솥(p.102 참조)으로 조리할 때 노즐에서 나오는 수증기를 자세히 보면 처음에는 투명하다는 것을 알 수 있습니다.

수증기의 힘은 이미 기원전 고대 그리스에서 발견되었지만 실용화된 것은 18세기 중반 산업혁명 시기입니다. 물을 가열하여 고온 · 고압의 수증기로 바꾼 다음 이 수증기를 진공에 가까운 곳에서 분출시켜 터빈을 돌리고, 터빈에 연결한 발전기로 전기를 만듭니다. 터빈을 돌린 후의 수증기는 해수와 같은 차가운 물로 냉각되어 수증기가 갖고 있는 열을 해수로 보냄으로써 원래의 물로 돌아가게 됩니다. 이것이 이 사이클에서 중요한 포인트입니다. 이 물을 다시 펌프를 사용해 가열하는 곳으로 보내면 사이클(순환)이 완성됩니다. 이 사이클을 통해 열이 물의 성질을 이용하여 동력으로 바뀐 다음 전기로 변환된다고 요약할 수 있습니다.

증기 발전의 열원으로는 화석연료나 원자력이 이용되며 보통 화력발전소나 원자력발전소라고 합니다.

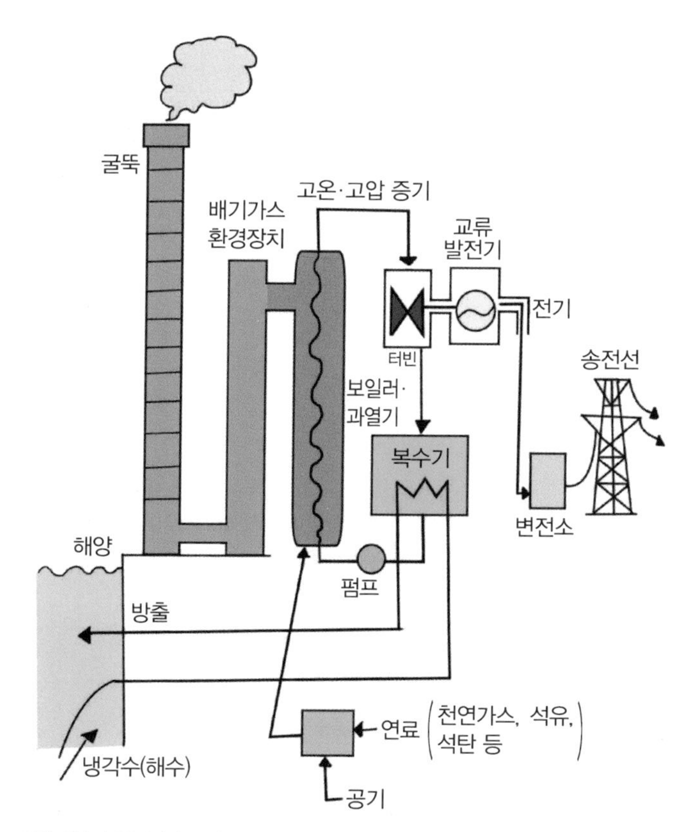

그림. 증기 사이클의 발전소에서는 수십만~100만kW의 전기를 만들어냅니다. 보통 교류에서 전기를 만듭니다. 현재 일본에서는 한 가구당 3kW 정도의 전기를 소비하므로, 100만kW는 30만 가구에서 사용할 수 있는 양입니다.

5-10 가솔린 엔진과 디젤 엔진의 차이점은 무엇일까?

자동차는 우리 생활에 없어서는 안 되는 이동 수단입니다. 일본에서는 연간 약 1,000만 대(2014년)의 자동차가 생산되고 있습니다. 대부분이 가솔린 자동차이지만 디젤 자동차도 기술 혁신으로 판매 경쟁이 치열해지고 있습니다. 전 세계적으로 가솔린 자동차 72%, 디젤 자동차 28%(2013년)의 비율을 보이고 있습니다.

가솔린 엔진과 디젤 엔진의 차이는 연료인 가솔린과 경유의 성질의 차이에서 비롯됩니다. 가솔린 엔진은 가솔린의 인화점을 이용하고 디젤 엔진은 경유의 착화점을 이용합니다. 인화점은 불꽃에서 타는 온도이고, 착화점은 스스로 타는 온도 즉 자연 발화하는 온도입니다. 가솔린의 인화온도는 -35~46℃의 범위로 굉장히 낮고, 경유는 40~70℃입니다. 또 경유의 착화점은 250~300℃로 가솔린의 300~400℃보다 낮습니다. 이러한 특징으로 인해 엔진의 구조가 결정되었습니다. 가솔린 엔진은 점화 플러그가 있고, 디젤 엔진은 고온 · 고압(300℃, 2,000기압 이상) 상태를 유지할 수 있는 튼튼한 엔진실이 필요합니다.

가솔린 엔진은 고속 회전이 가능해서 배기량 당 출력을 높일 수 있지만 효율은 25% 전후에 그칩니다. 한편 디젤 엔진은 저속 회전이 뛰어나서 큰 토르크를 낼 수 있습니다. 또 가솔린 엔진보다 효율이 높다는 평가가 많으며, '클린 디젤'이라는 환경성을 높인 기술도 확립되었습니다.

동력을 만들어 내는 사이클에도 조금 차이가 있는데, 가솔린 엔진에서는 흡기(가솔린과 공기의 혼합 기체를 빨아들임), 압축, 점화를 통해 폭발적으로 연소시켜 가스를 배출합니다. 디젤 엔진에서는 흡기(공기), 압축(여기에서 고온 · 고압 공기에 경유를 주입)을 통해 폭발적으로 연소시켜 가스를 배출합니다.

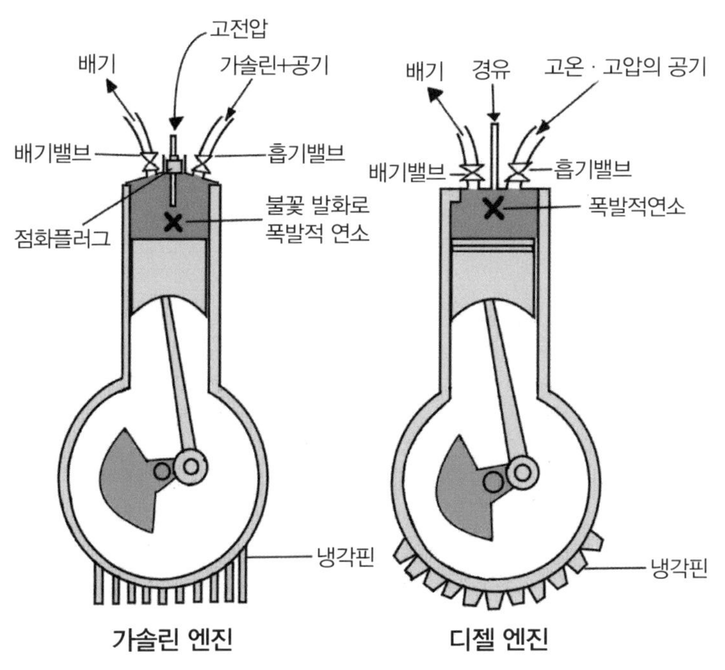

그림. 가솔린 엔진과 디젤 엔진은 피스톤과 크랭크축에서 발생하는 폭발적 연소를 회전 운동으로 변환한다는 기본적인 구조 등 유사점이 많습니다. 하지만 연료가 달라서 가솔린 엔진은 가솔린과 공기의 혼합 기체를 압축하고 디젤 엔진은 공기만 압축하면 되기 때문에 효율 면에서 차이가 납니다.

5-11 열을 바로 전기로 바꿀 수 있을까?

현재 열은 화력발전이나 원자력발전, 지열발전 등을 이용하여 전기로 바꿀 수 있습니다. 이런 발전소들은 대형 장치를 보유하고 있기 때문에 대량의 열이나 고온의 열원을 다루는 데에 적합합니다. 그래서 열의 양이나 온도에 상관없이 간단한 고체 소자를 이용하여 열을 직접 전기로 바꾸는 방법이 개발되고 있습니다. 이 방법을 이용하면 체온과 기온의 차이를 열원으로 하여 전기를 만들 수도 있습니다. 우리 주변에 있는 금속으로 이 발전의 원리를 설명해 보겠습니다.

두 종류의 금속을 반원 모양으로 구부린 다음 연결해서 하나의 원으로 만듭니다. 연결된 부분의 반쪽을 뜨겁게 하고 다른 반쪽을 차갑게 하면 온도 차에 비례하여 전기가 발생해 금속 안에 전류가 흐릅니다. 이 현상은 이를 발견한 사람의 이름을 따서 제벡 효과라고 합니다. 이 효과를 사용하면 직접 열을 전기로 변환할 수 있습니다.

예를 들어 두 줄의 동선과 철선의 양 끝을 세게 꼬아서 연결한 다음 한쪽에는 알코올램프로 불을 붙이고 다른 한쪽은 수돗물로 냉각시킵니다. 이렇게 해서 500℃의 온도 차가 생기면 6.7mV(밀리 볼트)의 전압이 발생하여 닫힌 원(회로)에 전류가 흐릅니다. 전류의 크기는 발생한 전압과 선의 모양(단면적과 길이)으로 결정됩니다(전기저항과 같은 원리). 같은 온도 조건에서 금속을 철선과 니켈 선으로 바꾸면 전압이 17mV로 상승합니다.

제벡 효과의 구조를 금속 봉의 전자 움직임으로 생각해 봅시다. 금속 안에 있는 전자는 아무런 제약 없이 금속 내부를 돌아다니는 자유전자로, 온도에 따라 속도가 달라집니다. 즉 온도가 높은 곳의 전자와 낮은 곳의 전자는 움직임이 다릅니다. 금속의 양 끝에 온도 차를 주면 저온 쪽에는 전자가 쌓이고 고온 쪽에는 전자가 줄어듭니다. 온도 차가 전자의 운동 차가 되어 전자의 밀도를 바꾸는 것입니다. 전자 밀도의 차이가 즉 전압입니다. 그리고 이 양 끝에 전선을 연결하면 전류를 빼낼 수 있습니다. 이때 전선 사이에 저항기를 넣으면 일을 시킬 수 있으며, 이것이 열에서 전기를 직접 빼내는 열전 발전입니다.

현재 직접 빼낼 수 있는 전기는 많지 않아서 효율이 낮지만 산간벽지의 무선 중계국 전원이나 우주 탐사기의 통신용 전원으로 열전 발전기가 활약하고 있습니다. 또 자동차의 배기열이나 쓰레기 소각로의 열 등 다양한 열을 이용하는 열전 발전 개발이 진행되고 있습니다.

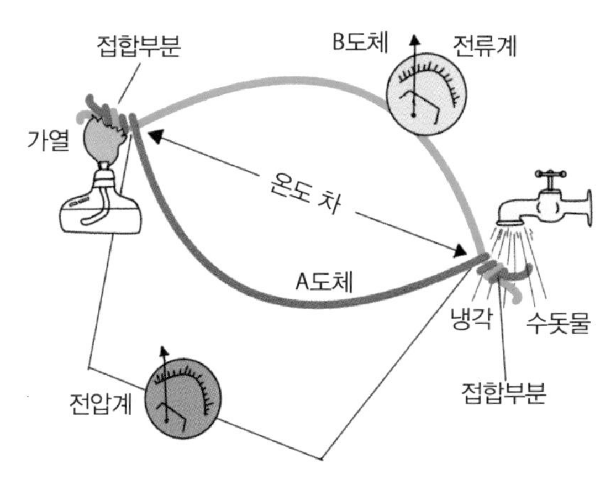

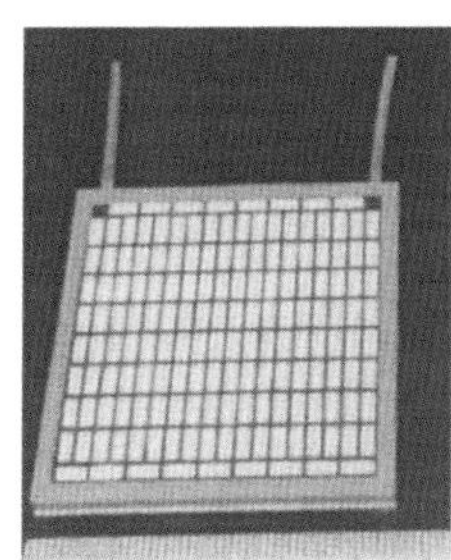

그림 1. 종류가 다른 두 개의 도체(금속)를 접합시켜 한쪽은 가열시키고 다른 쪽은 냉각시키면 양 끝의 온도 차에 비례한 전압을 검출할 수 있습니다. 이는 건전지와 같은 직류입니다. 온도 차가 지속되는 한 전류는 계속 흐릅니다. 열전 반도체라고 하는 고체 소자를 사용하면 열에서 전기를 효율적으로 얻을 수 있습니다.

그림 2. 열전 발전을 구성하는 최소 단위인 본체. 열전지라고도 합니다.

5-12 태양열을 모으자

돋보기로 태양광을 모으면 초점 위치에 놓아둔 종이에 불이 붙는다는 것은 잘 알려진 사실입니다. 이는 렌즈로 들어간 빛이 굴절하여 한 점에 모이기 때문인데 이러한 빛의 성질을 이용하는 장치를 대규모화하면 높은 온도의 열을 얻을 수 있습니다.

포물선을 그리는 곡면을 이용하면 앞에 있는 초점에 반사한 전자파를 모을 수 있습니다. 위성 방송의 파라보나 안테나를 예로 들 수 있으며, 태양열을 이용할 때는 거울을 곡면으로 한 파라볼라 안테나를 사용합니다. 이 안테나는 조리나 소규모 동력에 사용됩니다. 대형인 경우에는 초점 부분에 매체를 순환시킬 수 있는 파이프가 사용되며 이때의 집열 온도는 150~500℃입니다.

이렇게 계속 집열하면 태양을 추적할 수 있는 다수의 평면경을 이용하여 빛을 한 점에 모으는 타워형 집광이 됩니다. 넓은 토지에서 열 손실을 최대한 줄이면 집열 온도가 400~1,500℃가 되기도 합니다.

한편 볼록렌즈를 대형화하는 것은 기술적, 비용적 어려움이 있습니다. 그래서 개발된 것이 볼록렌즈의 곡면을 분할하여 얇게 평면으로 펼친 선형(리니어) 프레넬 렌즈입니다. 빛의 굴절을 잘 이용하여 초점에 연결하는 방식인데, 집열 온도는 포물면경과 비슷합니다.

이렇게 얻게 된 태양열은 축열 장치와 조합하여 발전부터 조리까지 다양한 용도로 이용되고 있습니다. 소형 태양열 조리기는 이미 시판되었으며, 5000~1만kW 규모의 태양열발전소도 스페인, 오스트레일리아에서 상용화하여 가동되고 있습니다. 또 태양열을 사용하는 해수의 담수화 플랜트는 곧 상용화될 예정입니다.

태양열의 집광 방법

(a)비슷한 볼록렌즈
(대형 제품은 별로 사용되지 않음)

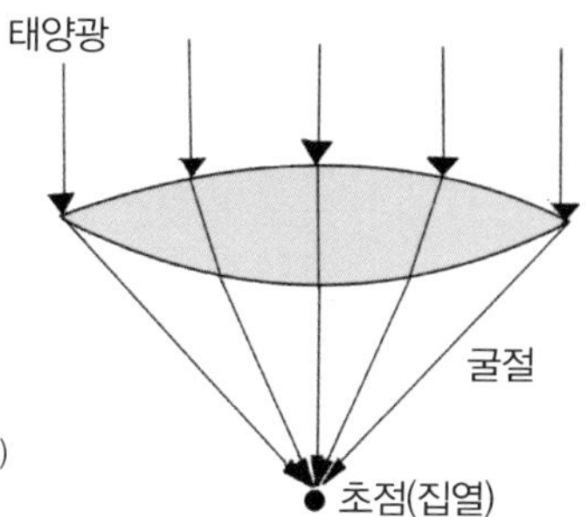

(b)포물면경

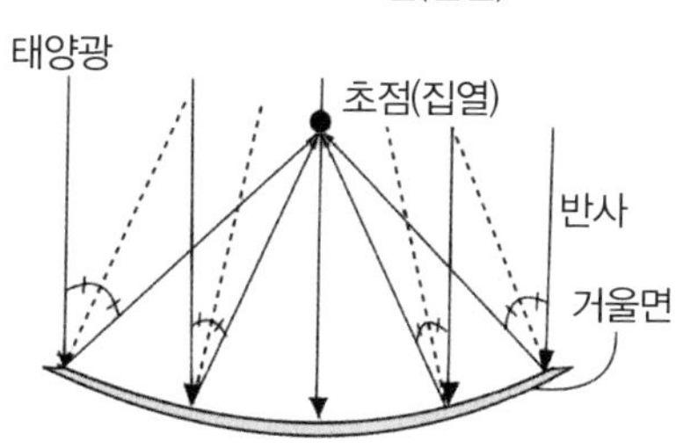

(c) 평면경
(초대형 타워 집광 부품)

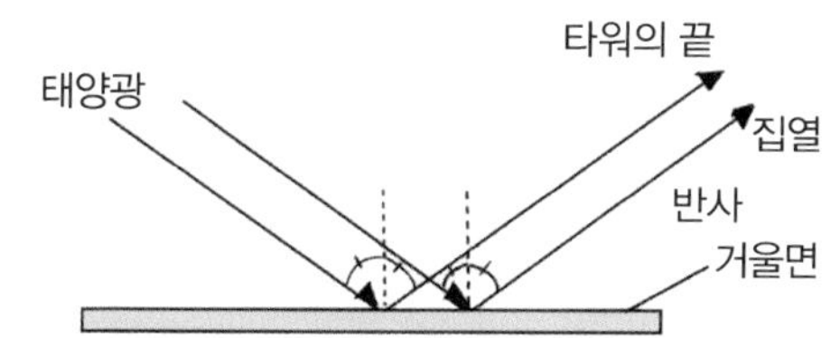

(d)플레넬 렌즈
(거울 타입도 있음)

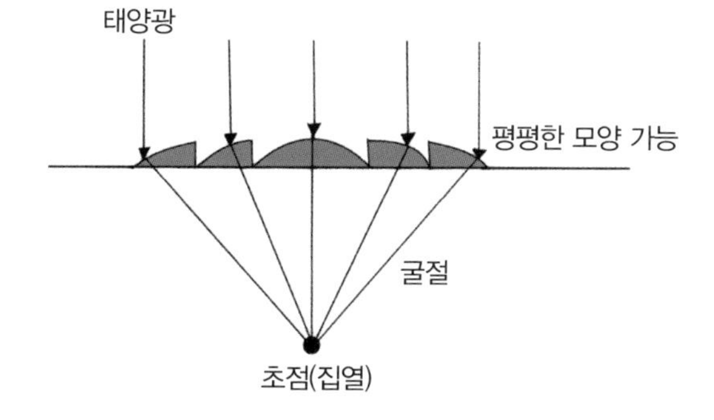

5-13 지열로 전기를 만들 수 있을까?

화산 국가인 일본에는 많은 지열 에너지가 있다고 하는데, 이 에너지를 전기로 바꿀 수 있을까요?

지열 에너지를 이용하려면 지하의 지열 저류층에 있는 고온 · 고압의 열수를 퍼 올리기 위해 생산정(生産井)이라고 하는 우물을 파야 합니다. 이 고온 · 고압의 열수는 화산 지대의 지하 수 킬로미터에서 수십 킬로미터에 있는 약 1,000℃의 마그마굄에 의한 열과 암석의 틈을 통해 침투한 빗물에 의해 만들어진 것입니다. 질이 좋은 열수는 200~350℃의 증기와 고온수가 되어 생산정으로 분출됩니다. 그러면 기수 분리기로 증기를 분류한 다음 증기의 힘으로 터빈을 돌리는 증기 발전(p.146)을 가동합니다.

일반 증기 발전과 다른 점은, 복수기를 이용하여 증기를 물로 되돌린 다음 이용이 끝난 고온의 배수와 함께 환원정을 통해 땅속으로 되돌려 보낸다는 것입니다. 이는 지하에 있었던 자원을 원래 있던 곳으로 되돌려 최대한 자연환경을 파괴하지 않기 위함입니다.

또 다른 점은 냉각에 사용하는 저온원(低温源)입니다. 화력발전소에서는 복수기의 냉각에 해수를 사용할 수 있지만, 지열발전은 대체로 산속에 있고 하천이 먼 경우도 있어서 냉각수를 재이용해야 합니다. 복수로 인해 냉각수의 온도가 상승하기 때문에 냉각탑에서 공랭하여 다시 복수기에서 이용합니다.

지열의 열수 온도가 80~150℃일 때는 증기 발전의 경우 장치가 커져 경제적이지 않기 때문에 저비점 매체를 사용하는 바이너리 발전을 이용합니다.

지열발전은 안정적인 전력을 공급할 수 있는 순수 일본산 에너지이기 때문에 적극적으로 추진해야 합니다.

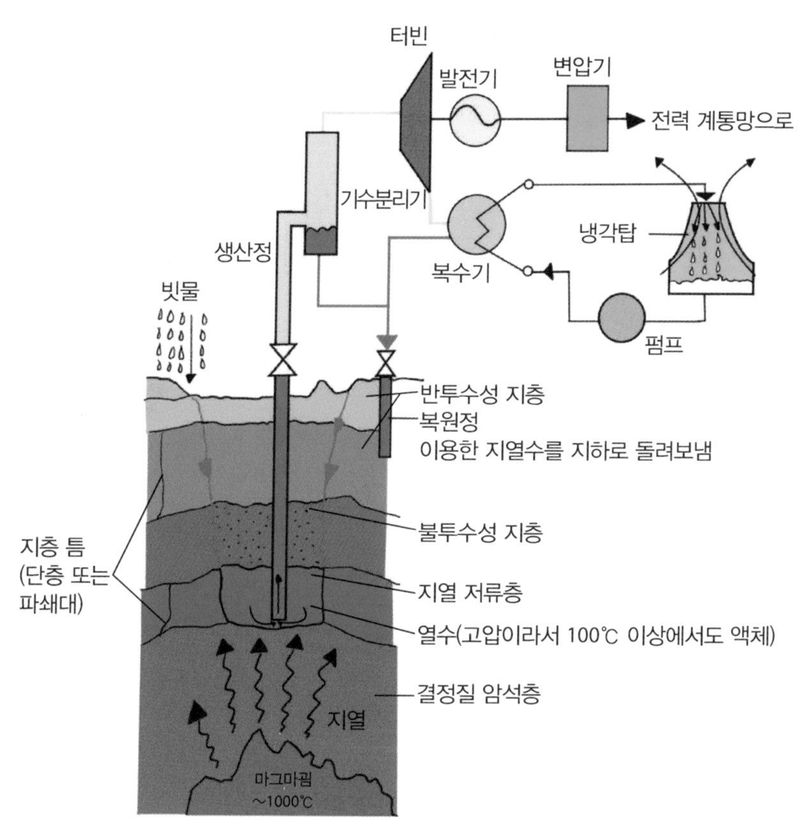

그림. 지열발전은 화력발전과 발전 원리가 거의 같지만, 규모가 수 만kW에서 20만kW 정도라는 점과 증기의 힘이 약하다는 점이 다릅니다. 땅속에서 빼낸 열을 철저히 이용한다는 관점에서 저비점 매체를 이용하는 바이너리 발전이 채택되며 이용 가능한 온도의 범위를 넓히고 있습니다. 현재 일본의 지열발전 출력은 대형 화력발전소 반 기 분량에 해당하는 50만kW 정도입니다.

5-14 바람으로 열을 만드는 풍력발전기

바람으로 열을 만들기 위해 자동차나 전철에서 사용되는 브레이크의 응용이 검토되고 있습니다. 브레이크의 역할은 움직이는 것을 감속하여 멈추게 하는 것입니다. 산의 내리막길에서 브레이크를 세게 밟으면 브레이크가 과열하여 고장 날 수 있는데, 이는 주행하는 자동차의 에너지가 브레이크에서 열로 변환되기 때문입니다. 이 자동차의 타이어를 프로펠러로 대체하고 브레이크를 발열기로 바꾼 것이 풍력 발열기입니다.

풍력발전은 이산화탄소를 배출하지 않기 때문에 친환경적이며, 에너지원이 떨어질 일도 없습니다. 하지만 바람은 세기나 방향이 불안정해서 일정한 전력을 발전할 수가 없습니다. 이 때문에 풍력발전의 전기는 그 상태로는 이용하기 어려웠습니다. 그래서 일단 바람의 힘을 열로 바꾼 다음 그 열을 축적하여 이용하는 방식이 재검토되었습니다. 이 방식에서 풍력을 이용하는 것은 안정적이지만, 고효율이면서 신뢰성이 높은 풍력 발열기가 필요합니다.

풍력 발열기에는 자동차에도 있는 전자 브레이크의 원리가 사용됩니다. 바람의 힘으로 프로펠러가 회전하면 그 축에 장착된 자석이 회전합니다. 그러면 전기저항이 있는 케이스로 와전류가 흘러 열이 발생합니다. 이 원리는 IH 조리기(p.104 참조)와 같습니다. 열을 축열 장치에 모아 뒀다가 필요할 때 이용하는 것으로 800℃ 정도까지 올릴 수 있습니다. 대형 풍력 발열기는 안정적인 발전기나 제품 가공에 사용할 수 있으며, 목욕 제품이나 취사, 난방과 같은 소형 제품에서도 활용할 수 있어 빠른 상용화가 기대됩니다.

풍력 발열기

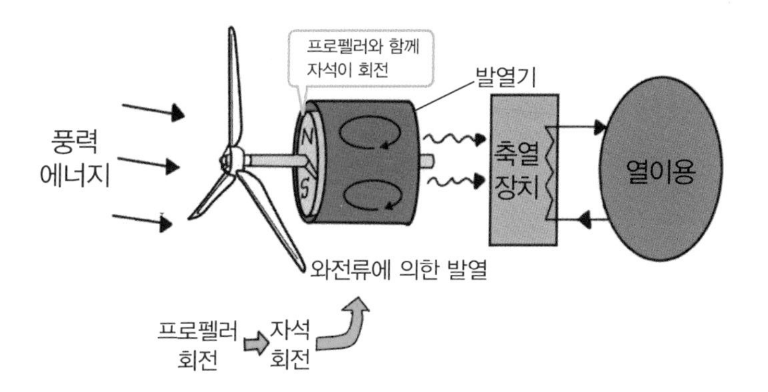

그림. 풍력에너지를 전기가 아닌 열로 바꿀 수도 있습니다. 풍력에 의한 프로펠러의 회전으로 자석의 세기를 시간적으로 변화시켜 외부 케이싱 도체에 와전류를 발생시킵니다. 그러면 전류와 도체가 가진 전기 저항에 의해 저항 가열되어 열이 발생합니다. 이때 불안정한 바람을 열로 바꾸면 출력의 변동을 완화할 수 있습니다. 발열기를 기존의 발전기보다 경량화할 수 있어 비용 절감이 기대됩니다.

5-15 5,000℃의 열을 만들려면?

태양의 광구는 6,000~8,000K나 되는 고온이라는 것을 1-02장에서 설명했는데 우리 주변에는 이와 비슷한 온도에서만 가공할 수 있는 다양한 제품이 있습니다.

그중 하나가 샤프펜슬과 연필심입니다. 이 두 제품은 450년 정도 전에 발견된 흑연(그래파이트)을 가공한 것으로, 녹는점이 3,550℃입니다. 또 큐빅 질코니아를 만들려면 3,000℃에 가까운 온도가 필요합니다. 큐빅 질코니아는 다이아몬드에 가까운 빛을 발하며 주로 장식품에 사용됩니다. 조명기구에 사용되는 텅스텐도 녹는점이 3,407℃입니다. 그리고 철강이나 세라믹 식칼을 만드는 과정에서도 이러한 고온이 필요합니다.

약 5,000℃로 온도를 올리기 위해서는 석유나 천연가스와 같은 화석연료를 태워야 합니다. 전기 히터로는 2,000℃ 정도밖에 오르지 않아 역부족이었지만, 플라스마 성질을 이용하는 아크방전이라는 특별한 방법으로 5,000℃를 실현할 수 있게 되었습니다.

내열재로 둘러싸인 용기에 공기나 아르곤 가스를 봉입하거나 진공 상태로 만들어 마주 보게 한 전극 사이에 대전류를 흘려보냅니다(예를 들면 $1cm^2$당 수십만 A의 교류나 직류). 그러면 기체 분자가 전자와 이온으로 나뉘어(전리라고 함) 플라스마 상태가 됩니다. 플라스마는 비교적 쉽게 6,000℃ 정도에 이릅니다.

다양한 용도에 맞춰 소형에서부터 대형에 이르는 아크로(炉)를 만들 수 있으며 대기압(0.1MPa)에서 사용하는 실험용 소형 용광로에서는 10A 정도의 전류로도 6,000℃ 정도의 고온을 실현할 수 있습니다.

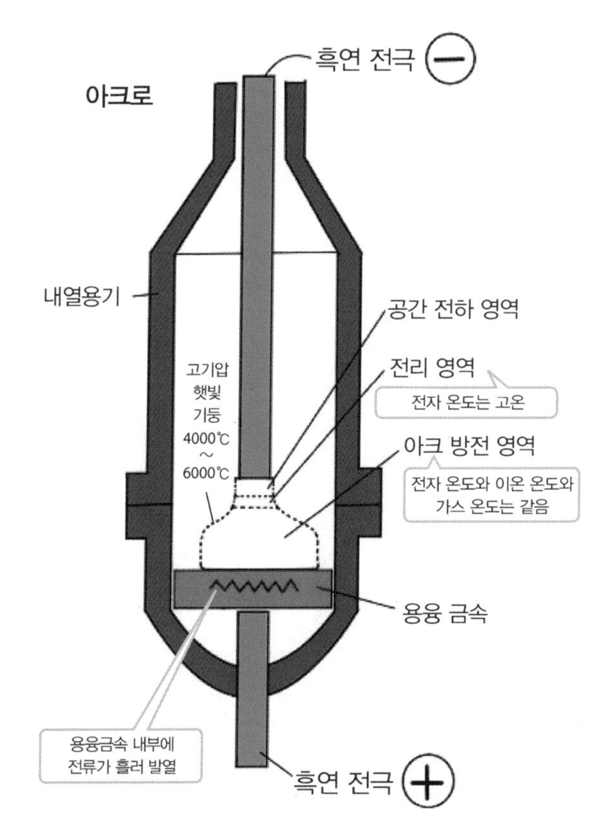

그림. 용기의 양끝에 있는 흑연 전극 사이에 그 주위의 기체를 절연 파괴할 수 있는 전압을 가하여 대전류를 흘려보내면 기체 분자의 일부가 전자와 이온으로 나뉘고 온도가 4,000~6,000℃ 정도까지 오릅니다. 이 고온으로 녹지 않던 금속 등을 녹일 수 있으며 녹인 금속 안에도 전류가 흘러 발열합니다.

5-16 열교환기란?

우리 주변에는 다양한 열교환기가 작동하고 있습니다. 열교환기는 고온이나 저온의 열원에서 필요한 장치에 열을 주거나 받는 역할을 합니다. 에어컨, 냉장고, 가스 급탕기, 순간온수기, 화장실의 온수 세정 변기, 헤어드라이어, 노트북의 CPU 쿨러 등 가전이나 전자기기에 사용됩니다. 자동차, 전철, 항공기에는 다양한 종류의 열교환기가 내장되어 있습니다. 발전소나 수많은 제조공장에서는 대형 열교환기가 사용됩니다. 화학공장은 열교환기의 집합체라고 할 정도로 이를 많이 사용합니다. 우리의 체내에서도 동맥과 정맥 사이에서 열교환이 이루어집니다(p.124 참조).

성분이 다른 유체는 금속과 같은 전열면을 사이에 두고 열을 교환하는 것이 일반적이며 이를 간접식 열교환기라고 합니다. 이에 비해 조건에 따라 격벽이 없고 유체끼리 직접 열을 교환하는 것을 직접 접촉식 열교환기라고 합니다. 선풍기 앞에서 젖은 수건을 말릴 때는 직접 접촉식 열교환이 발생합니다.

고온 열원에는 연소 가스나 공기와 같은 기체가 대부분이지만 고체나 액체도 있습니다. 저온 열원의 매체는 물(수돗물, 하천수, 해수, 순환수)이나 공기(대기)가 일반적입니다.

열교환기는 가볍고 작으면서 최대한 온도 차를 줄일 수 있는 것이 적합합니다. 이를 위해 표면에 핀을 부착해 열이 닿는 접촉 표면적을 늘리는 연구도 진행하고 있습니다. 유체에서는 유체의 속도와 열전도율 등에 의해 대류 열전달의 성능이 결정됩니다. 유체의 방향은 목적에 따라 대향류나 병행류로 구분됩니다. 냉장고나 에어컨에서는 순환시키는 매체를 증발(액체→

기체)시키거나 응축(기체→액체)시키는 등 상태를 크게 변화시켜(상변화라고 함) 큰 열을 주고받는 열교환기가 사용됩니다.

열교환기의 재료로는 주로 알루미늄, 동, 철 등의 금속 합금을 사용합니다. 특수한 의료용으로 테플론과 같은 합성수지를 사용하는 경우도 있습니다. 발전소 등에서 해수를 사용할 경우 부식을 방지하기 위해 타이타늄을 사용하기도 합니다.

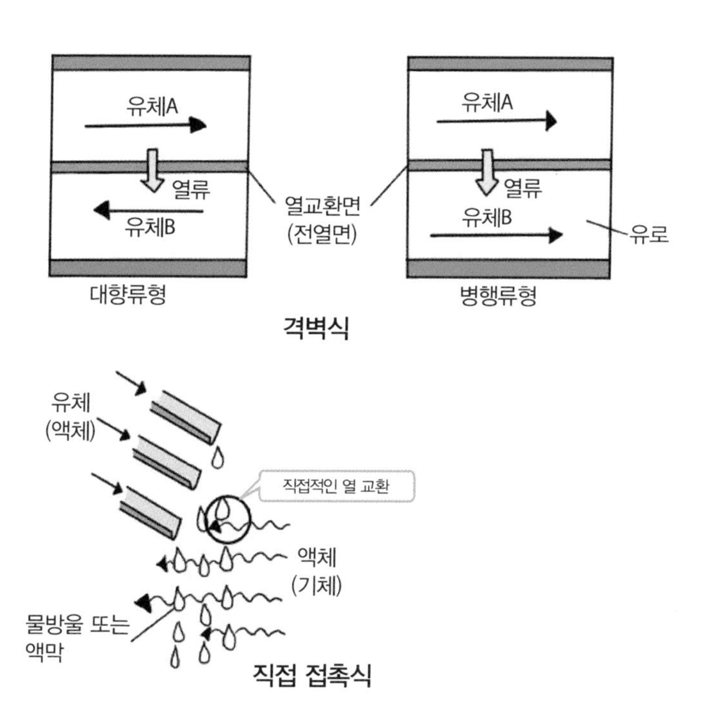

그림. 열을 취급하는 경우에는 반드시 열교환기를 사용합니다. 열을 한 유체에서 다른 유체로 이동시키는 것으로 격판을 사이에 두고 열 교환하는 것을 격벽식 열교환기라고 합니다. 유체끼리 직접 접촉시켜 열을 전달하는 직접 접촉식 열교환기도 있습니다.

5-17 금속보다 빨리 열을 전달하는 히트파이프

히트 파이프는 열을 전달하기 위해 특별히 만들어진 것입니다. 일반적인 열전도는 금속과 같은 소재의 특성에 좌우되지만 히트 파이프는 열전도율이 높은 은이나 동과 비교해도 수백 배나 높은 성능을 자랑합니다. 이것을 전자기기에 사용하면 냉각 성능이 향상되기 때문에 동작이 안정적이고 노트북의 CPU 등의 냉각에도 힘을 발휘합니다. 또 추운 지방에서는 눈을 녹일 때나 규모가 큰 경우 장거리 천연가스 파이프라인의 방열 등에도 사용할 수 있습니다.

히트 파이프 안에는 열을 옮기는 물 등의 매체가 봉입되어 있습니다. 고온 측이 가열되면 그 안의 매체가 열을 받아 증기로 바뀌고 이 증기가 고속으로 저온 측으로 이동해 그곳에서 응축하여 열을 내뿜습니다. 응축한 매체는 모세관 현상을 이용하여 고온 측으로 되돌아갑니다. 이러한 증기 · 이동 · 응축 · 이동 사이클을 반복하며 열을 옮깁니다.

물이 증발할 때의 열은 액체를 1℃ 상승시킬 때 필요한 열에너지의 무려 540배 정도에 달합니다. 게다가 수증기는 음속에 가까운 속도로 이동하기 때문에 히트 파이프의 고온과 저온의 온도 차가 작아도 충분히 열을 전달할 수 있습니다. 금속에서도 열을 운반하는 전자는 광속에 가까운 속도로 이동하지만 질량이 작아서 저온 측에서 금속 원자까지 같은 온도가 되려면 시간이 필요합니다. 이 차이가 수백 배나 되는 열전도율의 차이가 되는 것입니다.

온도 차가 작아도 열 전달이 가능한 이유는 그 후 열을 효과적으로 이용할 때 중요한 조건이 되기 때문입니다. 또 히트 파이프의 저온 측 면적을 바꿀 수도 있습니다. 운반되는 열의 총량은 일정하지만 방열 부분의 면적당 열량을 바꿀 수 있어서 열의 밀도를 개선할 수 있기 때문에 간단하게 바꿀 수도 있습니다. 작동하는 온도는 4~2,300K까지로 광범위하지만 파이프 안에 봉입하는 매체를 목적에 맞게 선택해야 합니다. 고온에서도 안전하게 작동하는 매체를 찾아내는 것이 최대 과제입니다.

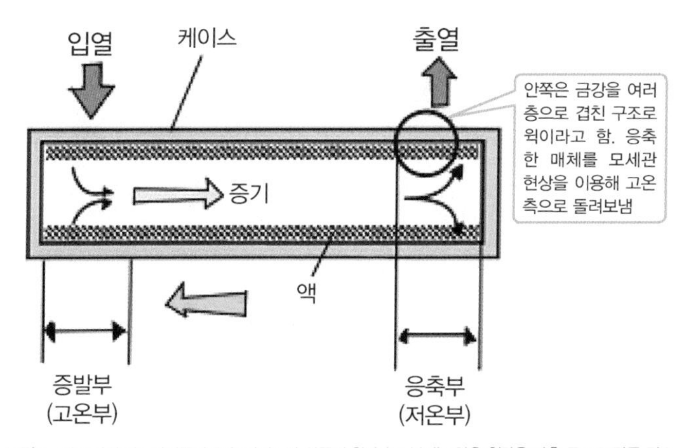

그림 1. 히트 파이프는 바깥쪽의 금속 파이프와 안쪽의 윅이라고 불리는 얇은 철망을 다층 구조로 만든 것으로, 파이프의 내부 공간에는 작동 온도에 의해 선택된 물이나 대체 프레온 등의 매체가 감압되어 봉입됩니다.

그림 2. 노트북의 CPU나 전자회로 전체를 냉각시키기 위한 동 파이프를 사용한 히트 파이프(방열용 알루미늄 핀이 부속)와 알루미늄으로 만들어진 평판형 히트 파이프(방향성은 없음) 사진

5-18 아날로그? 디지털? 온도계 이야기

섭씨온도가 정점(순수한 물의 녹는점과 끓는점) 사이의 온도를 100등분하여 결정됐다는 것은 이미 앞에서 설명했습니다(p.10 참조). 이것을 눈에 보이는 상태로 만든 것이 온도계입니다. 우리는 몸이 나른하고 감기 기운이 있는 것 같을 때 먼저 체온을 잽니다. 또 욕조 온도나 난방 · 냉방의 온도를 설정하는 등 일상 속 생활의 다양한 곳에서 온도와 마주합니다.

요즘에는 온도를 디지털로 표시하는 제품이 많아졌는데 예전부터 사용하던 제품은 눈금이 표시된 유리 봉 안에 액체를 봉입한 막대 온도계입니다. 막대 온도계는 감온액이라고 하는 액체가 열에 의해 팽창 · 수축하는 모습을 눈금으로 표시한 것입니다. 이 감온액으로는 수은, 빨갛게 착색된 유기액, 등유 등을 사용합니다. 막대 온도계는 보통 -20~100℃의 범위에서 사용되지만 -50~200℃까지 계측할 수 있으며 특수한 것은 650℃까지 측정할 수 있습니다.

최근에 나온 디지털 온도계는 온도 변화를 전기 신호로 변환해서 온도를 표시합니다. 이를 서미스터라고 하며, 온도에 의해 전기저항이 바뀌는 복합산화물 반도체를 이용하여 온도를 전기 신호로 바꾸면 IC칩 등의 전자회로에서 액정 화면에 온도를 표시합니다. 상온 부근에서는 온도가 10℃ 바뀌면 저항치가 약 30%나 바뀝니다. 정밀도는 ±0.1℃이고 측정범위는 -50~200℃입니다.

이보다 넓은 범위의 온도를 측정할 때 사용되는 것이 열전대입니다. 열전대는 다른 두 종류의 금속을 접합하여 접합 부분과 다른 끝에 다른 온도를 부여하면 온도 차에 비례한 전압을 얻을 수 있는 성질을 이용합니다. 금속의 종류와 조합을 바꾸면 -272~2,200℃까지 폭넓게 온도를 측정할 수 있습니다. -200~300℃용 열전대에는 동과 콘스탄틴을 사용하며, 정밀도는 ±0.2℃입니다. 구조가 간단해서 매우 작은 것도 접촉시켜 측정할 수 있습니다.

그림 1. 서미스터를 이용한 체온계

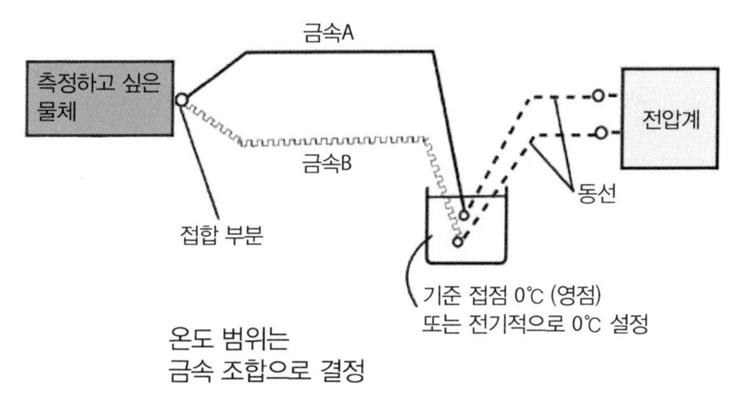

그림 2. 열전대는 두 개의 다른 금속을 접합시킨 것입니다. 계측하고 싶은 부분에 접합 부분을 밀착시켜 다른 끝을 냉접점(얼음물에서 0℃를 기준)으로 하여 양 끝의 전압을 측정하면 전압에 대응한 온도를 알 수 있습니다. 금속을 사용하는 것은 온도와 전압이 측정 범위의 모든 영역에서 비례하기(직선성이 있음) 때문입니다.

5-19 온도 분포를 영상화한 적외선 서모그래프

열을 직접 볼 수는 없습니다. 하지만 서모그래프의 기술을 이용하면 물체의 온도 분포를 영상으로 확인할 수 있습니다.

서모그래프가 온도 분포를 영상으로 바꾸는 구조는 다음과 같습니다. 열을 띠는 물체는 전자파(적외선)를 방사합니다. 이 적외선을 마이크로볼로미터라고 부르는 0.05mm^2 정도의 열형 검출기(수광소자)로 감지하면 적외선을 흡수한 곳의 온도가 바뀌어 전기저항이 변화합니다. 이 신호를 전자회로로 영상 처리하여 디스플레이에 표시합니다. 적외선의 흡수에 의한 열을 전기저항이 아닌 전압으로 변환하는 서모파일도 있습니다. 신호의 처리 방법은 같지만 서모파일은 고온의 대상물에서도 폭넓게 이용할 수 있습니다.

현재 서모그래프화(영상화)할 수 있는 온도의 범위는 -40~2,000℃입니다. 온도가 내려갈수록 파장이 길어지고 방사에너지 양도 줄어듭니다. 어느 정도의 저온까지 표시할 수 있는지는 검출기의 수광감도로 결정되고, 분해능은 0.1℃입니다. 보통 절대 수치로서의 온도 정밀도는 ±1.5% 정도인데 그 정밀도를 올리기 위해서는 표면의 방사율을 물체에 맞춰 식별할 필요가 있습니다. 이를 위해 개발된 것이 보조 적외선을 장치 쪽에서 방사해 그 반사광과 겹쳐서 보정하는 방법입니다. 또 가시광선을 제외하고 적외선만 통과시키는 게르마늄 화합물 계열의 렌즈를 사용합니다.

서모그래프는 열을 발생시키는 것이라면 사람이나 동물은 물론 건축물에서부터 전자 부품에 이르기까지 크기에 상관없이 복잡한 모양도 계측이 가능해 폭넓은 분야에서 활용되고 있습니다.

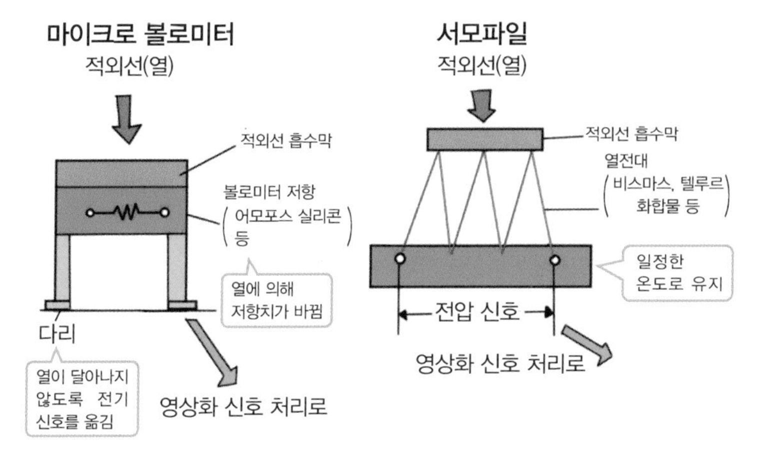

그림 1. 서모그래프의 온도를 전기 신호로 바꾸는 소자에는 두 가지 방식이 있습니다. 마이크로볼로미터의 경우에는 온도에 의한 전기저항의 변화를 검출합니다. 서모파일은 미세한 열전대를 엮어 전압의 감도를 올리는 방식으로, 이 검출 소자를 영상화하면 하나하나의 색으로 나타납니다.

그림 2. 서모그래프 예시

5-20 전기로 냉각시키는 열전소자란?

최근에는 소음이 적은 냉장고가 상용화되어 병원이나 호텔 등에서 찾아볼 수 있습니다. 이외에도 와인 셀러, 냉각 기능이 훌륭한 쿨러박스, 미립자가 나오는 드라이어, 냉각 전동 면도칼 등 다양한 아이디어 상품이 개발되고 있습니다. 이런 제품에는 전류가 흐르는 고체 소자를 접촉시켜 순간적으로 냉각시키는 기술이 사용됩니다. 에어컨의 보이지 않는 곳에서 중요한 역할을 하기도 합니다.

이 기술은 전자 냉각, 또는 발명자의 이름을 따서 펠체 냉각이라고 합니다. 이 원리를 응용하면 주변 환경을 쾌적하게 만들 수 있습니다.

펠체 냉각의 특징은 구성이 단순하다는 점입니다. 전자가 전류를 옮기는 n형과 플러스 전하를 옮기는 p형 두 종류의 고체 소자(열전소자)를 전극에 연결한 것입니다. 그리고 두께 수 밀리미터의 평판 모양부터 5cm의 사각형에 이르기까지, 몇 도까지 냉각시킬지 또는 어느 정도의 열량을 취급할지 등 목적에 맞춰 크기를 자유롭게 설정할 수 있습니다.

기본 구성은 이 열전 소자들을 합친 평판(열전 모듈이라고 함)에 냉각시키고 싶은 면을 부착시키고 반대쪽에 방열 면을 부착한 것입니다. 그 이유는 냉각시키고 싶은 면에서 열을 빼앗아 고체 속의 전자로 열을 옮겨 방열면에서 외부로 내보내는 구조를 전류로 만들기 때문입니다.

실은 실온 부근의 온도를 조금 내려 정확히 일정하게 유지하는 것이 가장 좋을 때가 있습니다. -20℃로 낮출 수도 있고 여러 개를 겹쳐 여러 단으로 하면 온도를 더욱 낮출 수도 있습니다. 2단에서는 냉각 능력 4W로

-65℃까지 내릴 수 있으며, 8단에서는 -128℃(단 냉각 능력은 10mW)까지 내릴 수 있습니다. 또 전류를 반전시키기만 해도 가열할 수 있습니다.

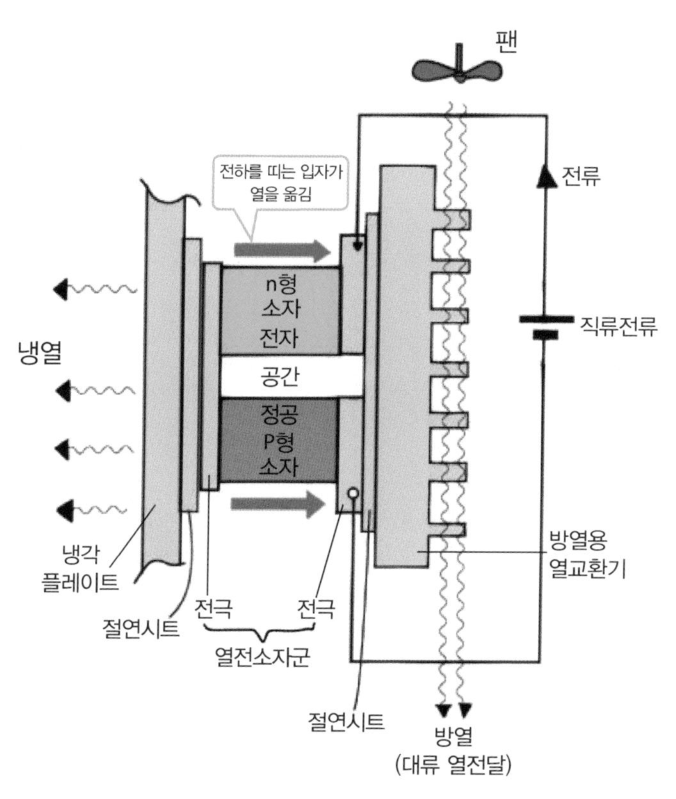

그림. 전기로 냉각시키기 위해서는 냉각 플레이트와 방열용 열교환기 사이에 열전 소자들을 두는 구성을 이용합니다. 열전 소자에 전류를 흘려보내면 냉각 플레이트 쪽에서 열을 빼앗아 그 열을 전자(마이너스 전하)나 정공(플러스 전하)이 방열 쪽으로 옮깁니다. 방열용 열교환기에서는 대기나 물로 열을 방출합니다. 즉 열전 소자들은 열을 퍼 올리는 펌프처럼 작동합니다.

5-21 열로 수소를 만들 수 있을까?

수소가스(H_2)를 태우면 열이 발생하여 수증기(H_2O)가 됩니다. 화석연료를 태우면 반드시 이산화탄소가 배출되는 것과 달리 이는 친환경적인 에너지원으로 주목받고 있습니다. 하지만 수소는 자원 형태로 존재하지 않기 때문에 인위적으로 만들어내야 합니다. 전기도 마찬가지인데 이러한 것을 2차 에너지라고 합니다.

물을 전기 분해하면 산소와 수소가 생긴다는 것은 널리 알려진 사실입니다. 그런데 일부러 전기를 사용하여 수소를 만드는 데에는 비용이 많이 듭니다. 이 때문에 태양열을 이용하여 물을 수소로 만드는 효율적인 방법이 연구되고 있습니다.

단순히 물의 온도를 올려 수소와 산소로 나누는 데는 4,765K나 되는 고온이 필요합니다. 온도를 이 정도로 올리는 것은 쉽지 않기 때문에 2,000K와 700K의 2단계 열을 사용하여 물에서 수소를 추출하는 방법이 시도되었습니다. 이때 산화철을 이용합니다. 산화철에는 다양한 종류가 있어서 철의 성질을 잘 이용하여 수소를 만듭니다.

철의 산화물(흑녹)에 2,000K의 열을 가해 한 개의 산소를 얻을 수 있는 다른 산화철을 만듭니다. 그다음 온도를 700K로 내려 물을 추가하면 수소가스가 발생하고 산화철은 원래의 흑녹 상태로 되돌아갑니다. 이 사이클을 반복하면 열로 물이 분해되고 수소가 발생하게 됩니다. 열원으로 태양에너지를 사용하면 25%의 효율로 변환할 수 있다고 합니다.

수소로 발전하는 연료전지를 사용하면 환경에 영향을 미치지 않고 전기나 열을 이용할 수 있습니다. 지속 가능한 사회를 만드는 에너지 중 하나로 수소는 향후 더욱 주목받을 것입니다.

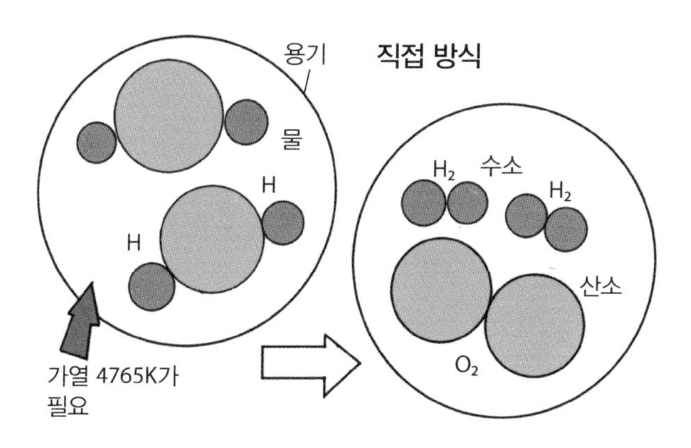

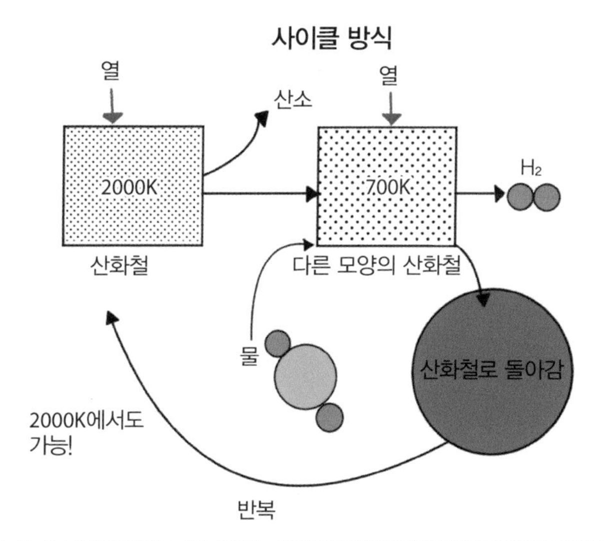

그림. 열로만 물을 열분해하여 수소를 얻을 때는 4,765K(약 4,500℃)의 열이 필요한데, 2,000K와 700K 두 열원을 사용하면 산화철의 반응 사이클을 이용하여 물에서 수소를 얻을 수 있습니다. 기본이 되는 산화철은 이른바 흑녹이라고도 부릅니다. 이 열원으로 태양광을 이용하는 실험이 진행되고 있습니다.

5-22 고온의 열을 축적하려면 어떻게 해야 할까?

열을 이용하고 싶은 시간과 열이 발생하는 시간이 일치하지 않을 때, 열을 축적할 수 있으면 편리합니다. 예를 들어 태양열 온수기의 경우 대낮에 태양열로 데워진 온수를 밤에 욕조에 사용합니다. 보통은 열이 달아나지 않는 단열 용기에 온수를 담아 필요할 때 이용할 수 있습니다. 이것을 온수 현열 축열이라고 합니다.

물은 열용량이 크고 쉽게 얻을 수 있으며 안전하고 저렴해서 40~60℃ 정도의 범위에서는 최적의 매체가 됩니다. 게다가 고온에서 축열하면 조리 등으로 용도가 확산됩니다. 이 방법 중 하나가 케미컬 축열로 화학반응의 반응열을 이용하는 것입니다. 축열재의 성능은 무게만큼 축적되는 열량인 축열 밀도가 하나의 기준이 됩니다. 단위는 'kJ/kg'입니다. 60℃의 온수로 축적했다면 축열 밀도는 250kJ/kg입니다.

케미컬 축열재로 산화칼슘(생석회)을 사용하면 물의 8~10배의 축열 밀도 약 2,000kJ/kg을 얻을 수 있습니다. 450℃의 열이 필요하지만 이용 온도가 200℃인 고온에서 사용할 수 있습니다. 축열한 열을 사용할 때는 방열 공정과 축열재를 재이용하여 축열하는 축열 공정이 필요합니다. 축열 공정에서는 450℃의 열로 탈수하여 탄화칼슘과 물로 분리해 방열 공정으로 보냅니다.

이 외에도 감미료의 한 종류인 에리트리톨을 사용하여 축열 온도 119℃에서 이용하는 방법이 검토되고 있습니다. 이 경우 사이클을 완성하려면 160℃의 입열 온도가 필요합니다. 또 축열 밀도는 340kJ/kg입니다.

향후 자동차의 배기가스를 효과적으로 이용하는 방법 중 하나로 축열 시스템의 도입이 검토되고 있습니다. 자동차에 탑재된 축전지의 온도 관리, 엔진을 켤 때 난기 운전 시간의 단축, 빠른 난방 등에 활용할 수 있습니다.

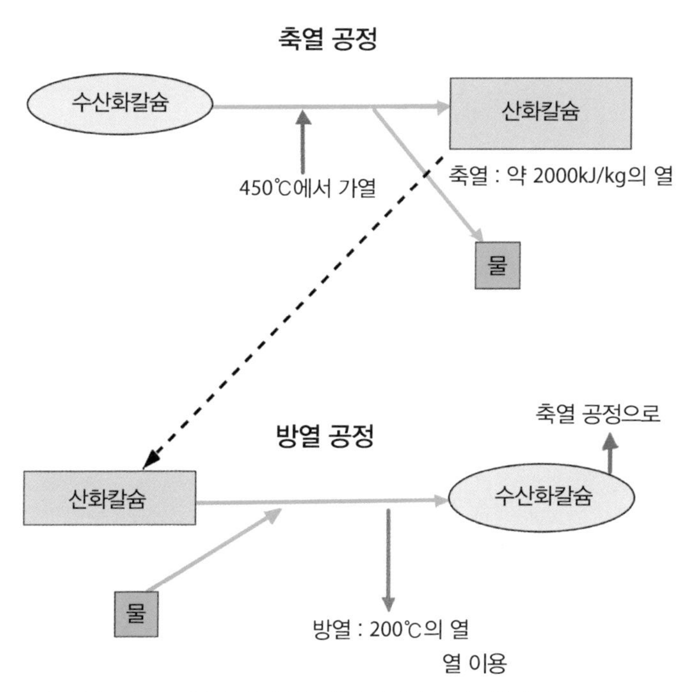

그림. 축열 공정에서는 450℃의 열을 이용하여 수산화칼슘을 산화칼슘으로 바꿔 산화칼슘 1kg당 약 2,000kJ의 에너지를 축적합니다. 방열 공정에서는 산화칼슘에 수증기를 주입하여 수산화칼슘으로 되돌리는데 이때 얻을 수 있는 약 200℃의 열을 이용합니다.

5-23 열을 옮길 수 있으면 편리하지만

열이 발생하는 장소와 이용하고 싶은 장소가 다른 경우가 종종 있습니다. 도시의 쓰레기 소각장은 비교적 주거지와 가까운 장소에 있어서 소각열의 일부를 온수 풀의 열원으로 이용하는 경우가 많습니다. 그런데 소각장이 주거지의 중심부에서 꽤 떨어져 있으면 열의 이용도가 감소합니다. 공장의 폐열을 포함해 다양한 장소에서 발생하는 남은 열을 사용하고 싶은 장소로 쉽게 옮길 수 있으면 에너지를 새로 만들지 않아도 되기 때문에 굉장히 효율적입니다.

열을 원래의 상태에서 옮기는 방법에는 세 가지 방법이 있습니다. 첫 번째는 60~90℃의 고온수 수송, 두 번째는 100~150℃의 수증기 수송, 세 번째는 화학 축열재를 이용한 컨테이너로 축열하여 수송하는 방법입니다.

첫 번째와 두 번째 방법은 실외에서 사용할 때 내구성이 있는 단열재로 덮인 수송 파이프 시설이 필요합니다. 한 번 파이프라인을 설치하면 누수 등 점검을 해야 하지만 운용 비용이 거의 들지 않으며 대규모 시설에 적합합니다. 하지만 이용 장소가 고정되어 있고 이용 거리도 수 백m에서 수 km가 한계입니다.

세 번째 컨테이너 축열 수송 방법은 전용 트럭으로 컨테이너를 옮겨 수십km까지 이동할 수 있어 유연한 대응이 가능합니다. 당연히 이용 장소가 어느 정도 고정되어 있지만 설비의 확장 · 축소가 자유롭습니다. 규모에 따른 효과가 정해져 있지 않아 목적이나 열원에 적합한 사이즈를 이용합니다.

열의 수송량을 무게 기준으로 보면 고온수를 1이라고 했을 때 증기는 50배, 컨테이너는 10배입니다. 증기의 경우 잠열 수송을 해야 하기 때문에 손실이 커지는 결점이 있습니다. 열원에서부터 이용자에게 도착할 때까지의 종합적인 효율은 고온수를 1이라고 하면 증기는 1.6배, 컨테이너는 2.5배 정도입니다. 효과적으로 이용할 수 있는지, 크기 조절이 가능한지, 어느 정도 거리까지 옮길 수 있는지를 고려하면 컨테이너 수송의 전망이 밝다고 할 수 있습니다.

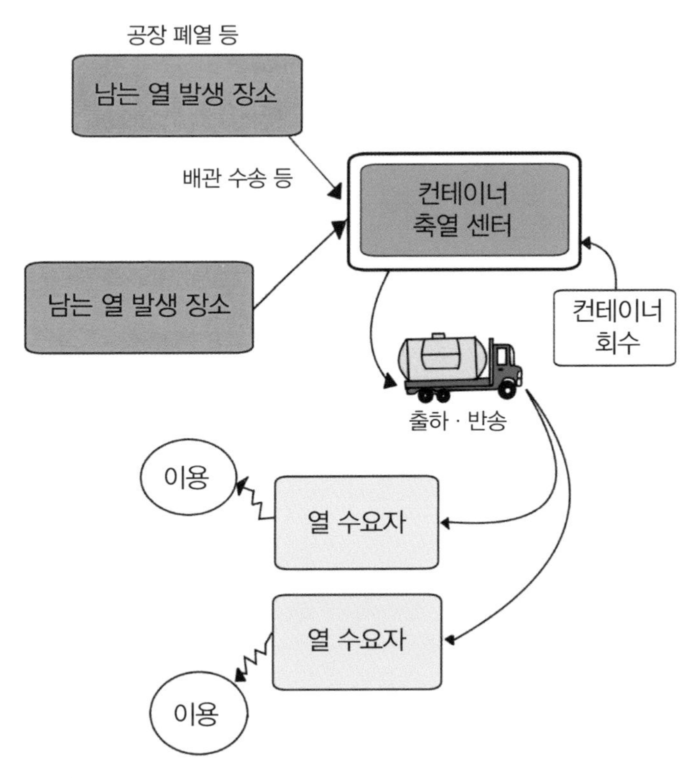

그림. 열을 효과적으로 이용한다는 점을 고려했을 때 향후 수송은 필수 요소가 될 것입니다. 물류는 철도에서 트럭 수송으로 바뀌었지만 철도가 없어진 것은 아닙니다. 열을 컨테이너로 수송하는 시대가 올 가능성이 충분히 있습니다. 축열 센터에 열을 모으는 방법은 수송관과 컨테이너 두 방식으로 나뉩니다.

신비로운 열용량

50℃의 물 1리터에 30℃의 물 1리터를 넣고 섞으면 물은 몇 ℃가 될까요? 50℃ 물의 온도는 내려가고 30℃ 물의 온도는 올라가 40℃로 같은 온도가 됩니다.

그럼 50℃의 물 1리터(1kg)에 30℃의 철 덩어리 1kg을 넣으면 몇 ℃가 될까요? 앞의 내용과 마찬가지로 생각하면 됩니다. 다만 물이 아니라 철이라는 물질로 바뀌었다는 점이 다릅니다. 정답은 물의 온도가 48.1℃(물론 철도 48.1℃)가 됩니다. "어! 온도가 그것밖에 안 내려간다고?"라고 생각하는 분 안 계신가요? 물이 철로 바뀌었다는 점이 영향을 미쳐 온도가 조금밖에 내려가지 않은 것입니다. 물질에 따라 온도가 올라가는 방법이 다릅니다. 즉 물질에 따라 그 내부에 축적되는 열의 양이 다릅니다. 이것을 열용량이라고 합니다. 단위 무게당 열용량을 비열이라고 하며, 열용량은 비열에 무게를 곱한 것과 같습니다.

물과 철의 비열을 비교하면 철이 물보다 1/10 정도 작습니다. 다시 말하면 같은 온도로 만드는 데 철은 물의 1/10의 열량이 필요하다는 것입니다. 엄밀히 말하면 상온에서 물의 비열은 4.179kJ/kgK이고, 순수한 철의 비열은 0.442kJ/kgK입니다. 이 경우에는 무게가 같아서 열용량은 비열의 비율(이 경우는 1/9.45)과 같다고 할 수 있습니다. 무게가 다르면 온도에 대한 효과는 무게에 비례해서 바뀝니다.

우주와 열의 이야기

마지막으로 열에너지의 기원으로 거슬러 올라가
우주에 퍼져 있는 열 환경에 대한 사소한
의문에 대해 알아봅시다

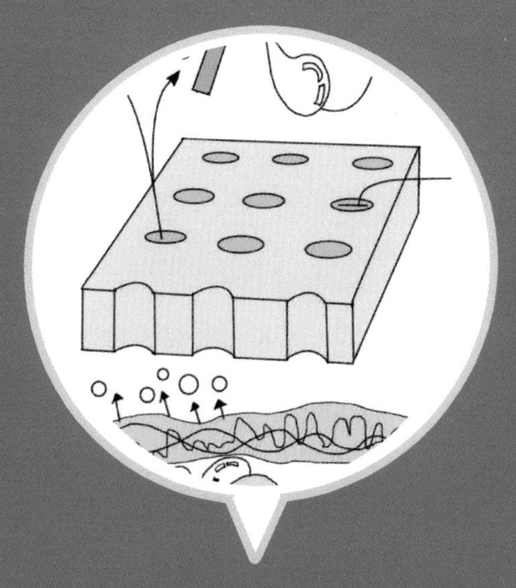

6-1 우주 열의 기원은?

우주의 기원에는 다양한 설이 있는데 그중 하나가 '무'에서 시작됐다는 설입니다. 이 설을 근거로 하면 열의 기원은 우주의 시작과 같습니다. 여기에서 '무'란 아무것도 없는 상태가 아니라 플러스와 마이너스가 제로가 되는 상태, 즉 '거대한 고온의 물질이 생겨나는 순간 소멸하는 상태'라고 표현할 수 있습니다. 이런 상태가 무너지는 순간 우주가 탄생하고 시간과 공간이 생겨났다고 합니다.

그리고 매우 짧은 시간에 중력이 생기고 우주의 급팽창(인플레이션)이 시작됩니다. 처음에는 지름이 10^{-33}cm의 에너지 덩어리였는데 급팽창으로 축구공 정도의 크기가 됩니다. 부피 팽창 비율로 보면 무려 10^{102}배로 팽창한 것이며 고온에서 더욱 급격히 팽창합니다. 이것이 빅뱅입니다.

빅뱅이 발생했을 때는 온도가 10^{27}K(1,000조의 1조 배의 고온) 정도였는데 3분 후에는 1,000만K까지 내려갔습니다. 이때는 양자(프로톤)나 전자, 중성자, 광자 등이 모두 흩어진 플라스마라고 하는 상태였지만, 우주의 팽창과 함께 온도가 내려가 점점 안정적인 수소 원자(양자와 전자가 1대 1로 결합)가 형성되었습니다. 빅뱅으로부터 38만 년 걸려 우주가 전기적으로 중성화하면서 빛이 직진할 수 있게 되었습니다. 이것을 '우주의 맑게 갬'이라고 합니다. 계속 팽창하다 10억 년 후에 73K가 되고 약 138억 년 후인 현재는 2.725K로, 이것을 우주배경복사라고 하는데 미국의 우주배경복사 탐사선(COBE, 1989년)에 의해 관측되었습니다.

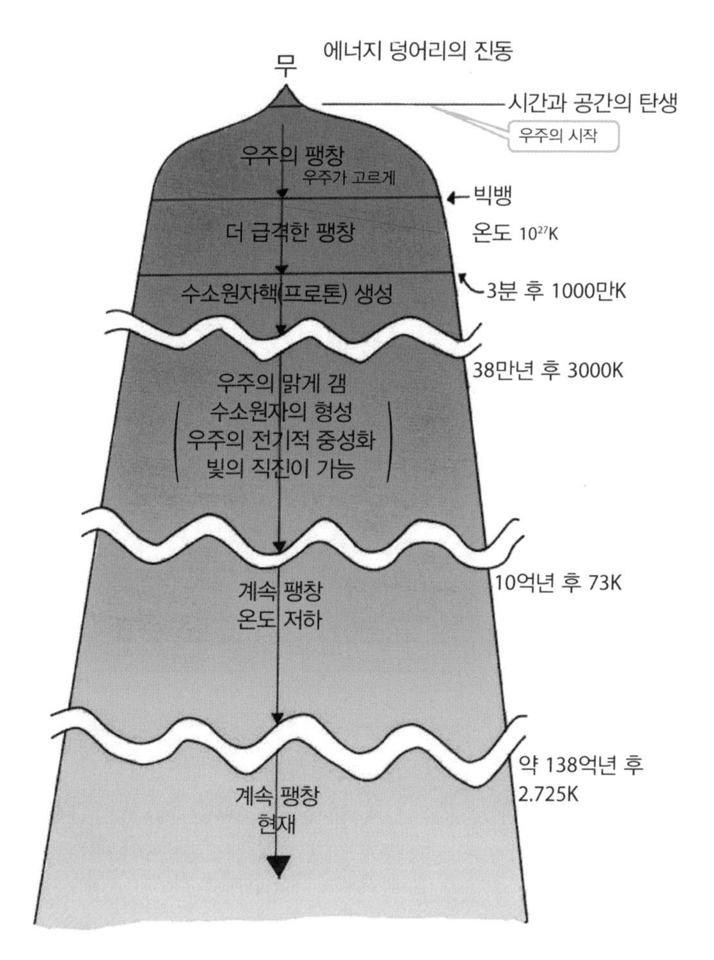

그림. 플러스와 마이너스가 같은 크기인 제로 상태에서 이것이 흔들린 순간 시간과 공간이 생기면서 우주가 탄생했다고 합니다. 10의 27승 K라는 상상을 초월하는 온도였지만 우주 공간의 팽창과 함께 온도가 급속히 내려갔고 그 과정에서 모든 물질의 기본이 되는 수소가 만들어졌습니다.

6-2 우주 공간의 온도는 몇 도 정도일까?

우주 공간의 온도는 절대온도로 2.725K(섭씨는 -270.425℃)라고 합니다. 절대온도 0K는 모든 에너지가 없는 상태라는 의미이기 때문에 약 3K의 온도는 에너지가 거의 없는 상태라고 할 수 있습니다.

열은 산소나 질소 같은 분자나 원자 집단의 자유로운 운동 · 진동의 평균 에너지, 그리고 분자 집단이 방출하는 열방사(전자파), 이 두 가지로 설명할 수 있습니다.

단 우주 공간에는 평균적으로 $1m^3$ 안에 수소 원자핵(양자)이 1개 정도 밖에 없기 때문에 분자나 원자 집단에서 운동에너지의 평균을 구해 온도를 결정하는 것은 매우 어렵습니다. 한편 태양이 모든 방향으로 열 방사한 에너지를 우리가 열로 받는다는 것으로부터 유추했을 때 열방사로 생겨난 전자파를 확인하면 온도를 추정할 수 있습니다.

이 전자파의 존재는 우주에서 사용되는 통신 안테나에서 수신한 노이즈(잡음 전파)를 최대한 제거하는 연구 개발 과정에서, 끝까지 제거할 수 없는 노이즈를 통해 발견되었습니다. 그리고 이 노이즈는 우주 공간 전체에 퍼져 있다는 것을 알 수 있었으며, 이 전자파에 대응하는 온도가 2.725K였다고 합니다.

덧붙여 말하자면 이 온도는 우주에서 열을 방출할 때 저온 열원의 온도로서 인공위성이나 우주 정거장 등 우주에서 활약하는 기기의 방열 설계에 활용됩니다.

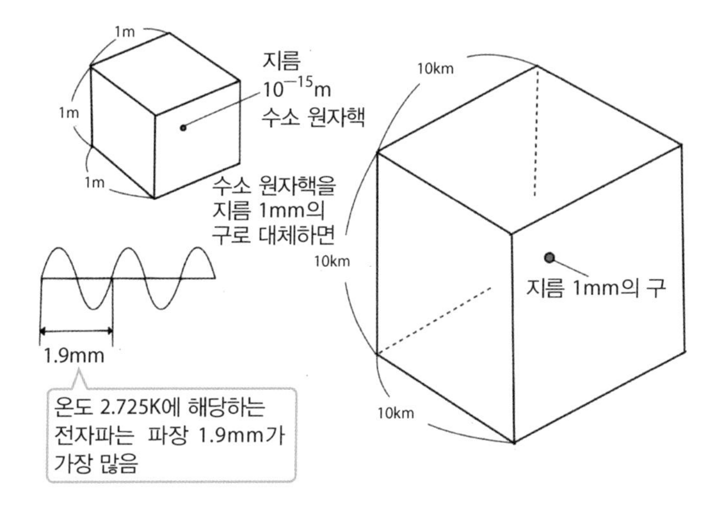

그림. 우주 공간의 온도가 수소 원자핵의 운동이라고 생각할 경우, 한 변이 1m인 정육면체 안에 수소 원자핵이 한 개 있는 우주 공간은 한 변이 10km인 정육면체 안에 지름 1mm의 구가 한 개 있는 것과 같은 정도의 밀도라고 할 수 있습니다. 그 수소 원자핵의 온도가 약 3K라고 한다면 평균 초속 170m의 속도로 운동하는 것이 됩니다.

6-3 태양열은 어떻게 만들어질까?

태양에서는 거대한 질량으로 인한 강력한 중력 에너지에 의해 열핵 융합 반응으로 1,500만K라는 초고온의 열이 만들어지는데, 중심핵(지름 10만 km)이라고 불리는 곳의 밀도는 철의 20배에 달한다고 합니다.

태양열은 질량의 약 73.5%를 차지하는 수소로 만들어집니다. 중심핵에서는 플러스 전기를 띠는 양자(수소 원자핵)가 초고압과 초고온에 의해 서로 격렬히 부딪쳐 6개의 수소 원자핵이 한 단위가 되어 최종적으로 수소 원자핵 4개에서 헬륨 1개가 만들어지는 열핵 융합 반응으로 에너지가 만들어집니다. 무게(질량) 1g의 핵에너지는 석유 2,250kl의 열에너지에 상당합니다. 태양은 매초 440만 톤의 수소 원자핵을 반응시켜 우주를 향해 매초 3.85×10^{26}J의 에너지를 전자파로 방사하면서 빛을 발합니다. 지구는 태양계의 한 행성으로서 태양의 약 22억분의 1에 해당하는 에너지를 끊임없이 받아 생명을 유지합니다.

이 중심핵에서 만들어진 열은 외부에 펴져 있는 두께 50만km인 방사층을 열방사로 통과하여 그 바깥 약 10만km 두께인 대류층으로 전달됩니다. 대류층에서는 중심핵으로부터의 고열로 자연대류에 의한 열전달이 발생해 다수의 거대한 소용돌이가 격렬하게 움직일 것으로 예상됩니다. 그리고 그 열은 태양의 표면인 광구(300~500km의 두께)라고 하는 불투명층에 열전도로 전달되어 6,000~8,000K의 열 덩어리에서 발하는 전자파가 우주 공간을 향해 뻗어나갑니다.

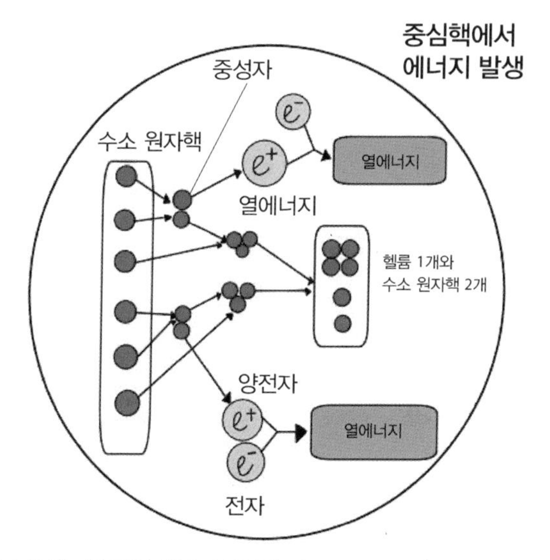

그림 1. 수소 원자핵 6개의 핵융합 반응에 의해 양전자(플러스 전기를 띠는 전자)와 뉴트리노가 방출되어 최종적으로 헬륨 원자와 2개의 수소 원자핵이 됩니다. 양전자는 마이너스 전기를 띠는 전자와 즉시 결합하여 거대한 핵에너지를 열에너지로 방출합니다. 이것이 태양에너지의 원천입니다.

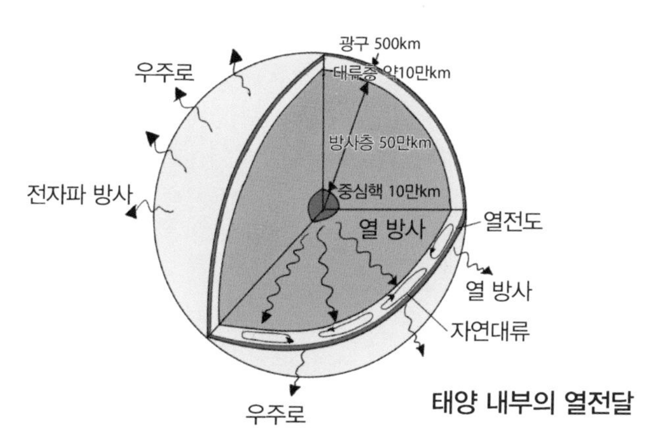

그림 2. 태양의 중심핵에서 생겨난 열은 방사층과 대류층에서 열방사와 자연대류, 열전도에 의해 표면으로 옮겨지고 최상층인 광구 표면에서 우주를 향해 열 방사됩니다.

6-4 우주에 있는 물질의 표면 온도는 몇 도 정도일까?

지구와 관련이 깊은 위성 · 달의 표면 온도는 태양에 비치는 면이 최고 110℃(383K), 반대쪽이 -170℃(103K)라고 합니다. 또 우주정거장의 온도는 태양광이 닿은 면이 120℃(393K), 음지인 뒷면은 -150℃(123K)입니다. 우주정거장에서 선외 활동 시 착용하는 우주복은 고온 150℃, 저온 -150℃까지 견딜 수 있도록 설계되었습니다. 이는 우주정거장의 온도와 같은 수치와 경험에 의해 결정된 것입니다.

태양계 안에 있는 물체(천체 등도 포함)가 받는 열은 태양의 전자파 에너지로 한정됩니다. 이 때문에 에너지의 세기는 태양과의 거리와 관계가 깊습니다. 태양과의 거리가 2배가 되면 받을 수 있는 에너지는 1/4이 됩니다. 태양과 지구와의 거리인 약 1억 5,000만km를 1AU(천문단위)로 나타내는데 이 거리를 기준으로 지구가 받을 수 있는 에너지는 $1m^2$당 1.37kW입니다. 화성은 1.52AU의 거리에 있어서 지구의 1/2.31 수준의 에너지를 받을 수 있는데 이는 지구의 0.433배라서 $1m^2$당 0.52kW가 됩니다.

물체가 어느 정도의 에너지를 흡수(반사)할 수 있는지는 표면의 상태로 결정됩니다. 물체는 흡수한 에너지로 열 방사하기 때문에 이것이 균형을 이루는 지점이 물체의 온도가 됩니다. 지구에는 대기가 있고 지표면의 70%가 바다로 덮여 있습니다. 지구의 열 방사 중 일부를 이산화탄소 등이 흡수하여 적당한 온실효과를 초래하기 때문에 평균온도는 17℃입니다. 한편 화성의 평균 온도는 -54℃입니다. 기본적으로 인공위성 등도 이러한 구조로 온도가 결정되지만 모양이나 재질이 복잡해서 실제로는 대상마다 차이가 있습니다. 또 온도가 현저히 높아지면 내부의 기기 등이 손상되기 때문에 차열 · 방열 대책이 필요합니다.

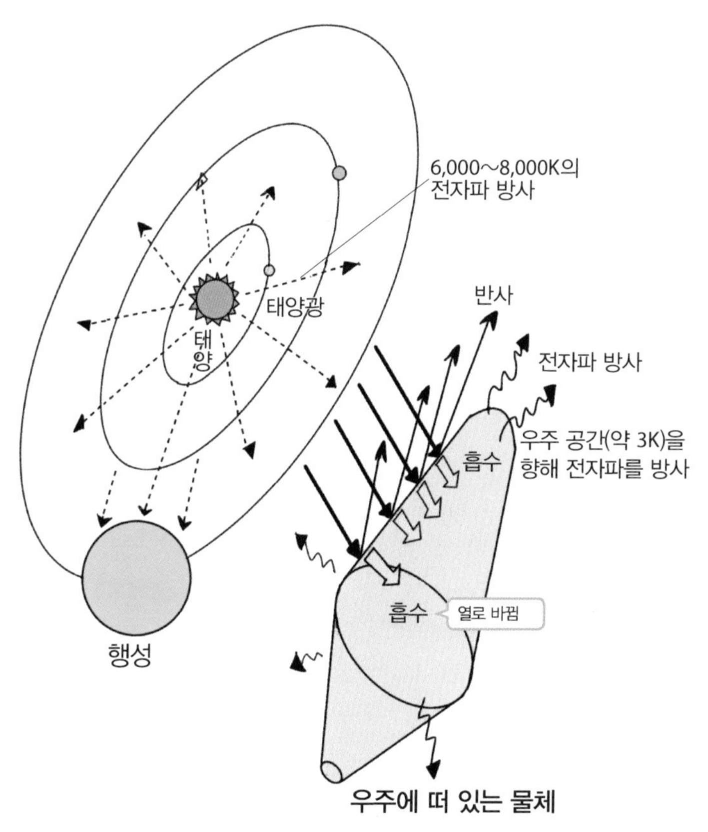

그림. 태양계 안에 있는 물체에 태양에너지가 닿으면 일부는 반사되지만 남은 에너지는 흡수되어 열로 바뀝니다. 열을 가진 물체는 그 온도에 따라 우주 공간(약 3K)으로 전자파를 방사합니다. 이러한 원리로 우주에 존재하는 물체의 표면 온도가 결정됩니다.

6-5 우주에서는 전원을 어떻게 할까?

태양계 안에서도 태양과 비교적 가까운 곳에서는 수많은 인공위성이나 우주정거장 등의 주요 전원으로 태양전지가 사용됩니다. 한편 멀리 떨어져 태양광이 약해지는 곳에서는 현재 무거운 원자의 핵 붕괴열(라디오아이소토프)이라고 하는 원자핵의 핵붕괴로 발생한 열을 이용한 열전 발전기가 사용됩니다.

태양에너지가 퍼져 나가면 거리의 2승으로 약해지기 때문에, 멀어질수록 전력을 얻기 위한 태양전지의 수광 면적도 커집니다. 태양전지의 효율은 고온에서 내려가고 저온에서 상승하는 특징이 있지만, 그 변화의 크기는 태양전지의 종류에 따라 다르기 때문에 여기에서는 고려하지 않겠습니다.

지구의 거리를 기준(태양 에너지를 $1m^2$당 1.37kW 받음)으로 하면 같은 에너지를 얻는 데 화성 부근의 태양전지의 수광 면적은 지구의 2.25 배가 필요하고 목성 부근에서는 25배 정도 필요합니다. 인공위성을 발사할 때는 총중량에 큰 제약이 있으며 당연히 발전 설비에 할당되는 무게에도 제한이 있습니다. 따라서 태양광만 있으면 반도체 소자를 이용해 빛으로 전기를 만들 수 있는 접이식 태양전지가 널리 이용되고 있습니다.

또 원자의 핵 붕괴열을 사용하는 원자력전지라고 하는 열전발전기는 1972년의 파이어니어 10호나 1977년의 보이저 1호 등의 우주탐사선 이외에 아폴로 계획의 달 착륙 미션에서도 사용되었습니다. 열원으로는 플루토늄 238(Pu : 원소 번호 94, 반감기 87.7년)을 이용했습니다. 이 동위 원소는 핵분열 반응열을 이용하는 원자력 발전의 부산물로 가공 생성됩니다. 플루토늄 238은 붕괴하여 안정적인 우라늄 234로 바뀌는데, 이때 1kg당 567W

의 에너지를 끊임없이 만들어내는 힘이 있습니다. 열에너지는 반응으로 생성된 헬륨이 담당하는데 약 1,275K 이상의 온도에서 전열판을 통해 열전소자로 전달하고 우주 공간의 약 3K와의 온도 차(소자 간 온도는 고온 1,275K, 저온 575K)를 이용해 열전 변환소자로 전기를 만들어냅니다.

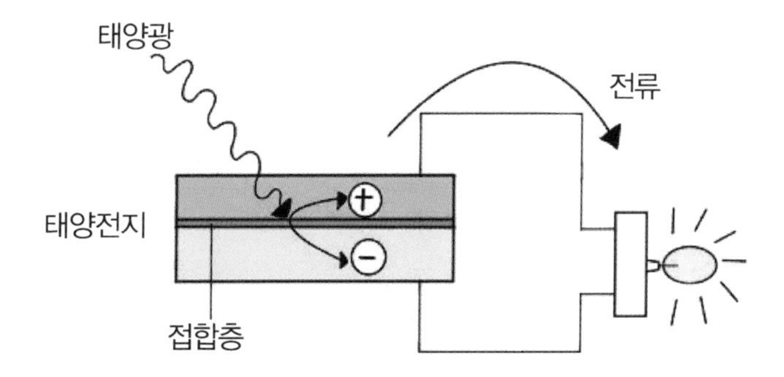

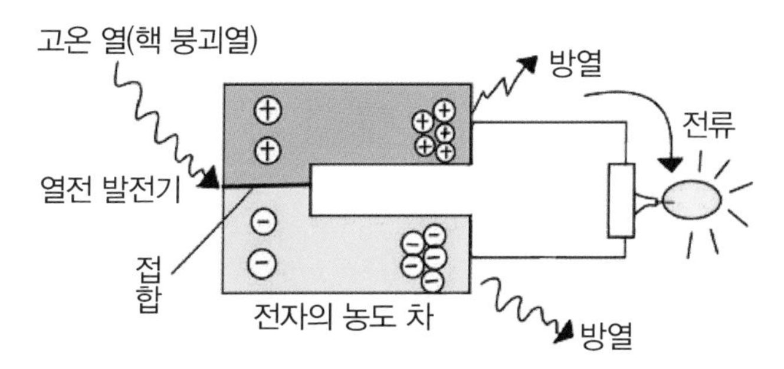

그림. 우주에서는 태양전지나 열전발전기가 전원으로 사용됩니다. 모두 고체 소자를 사용하기 때문에 믿을 수 있는 구조로 되어 있습니다. 태양전지는 성질이 다른 반도체(p형과 n형)를 접합하여 그 경계면에 빛이 닿으면 전자가 충격을 받아 전기를 만들어 냅니다. 열전발전기는 성질이 다른 두 종류의 반도체(p형과 n형)를 접합하고 그 경계면을 가열해 다른 쪽을 냉각시키면 온도에 비례한 전자의 운동 차이로 전자의 농도 차가 발생하는데 이 농도 차를 균일하게 하기 위해 전기를 만듭니다.

< 주요 참고 도서 >

ヤ・エム・ゲリフェル/著, 豊田博慈/訳,『熱とはなにか』, 東京図書, 1966

林健太郎/著,『エネルギー』, 東大出版会, 1974

島津康男/著,『地球…の物理』, 裳華房, 1971

太陽エネルギー利用ハンドブック編集委員会/編, 『太陽エネルギー利用ハンドブック』, 日本太陽エネルギー学会, 1985

佐藤秀美/著,『おいしさをつくる「熱」の科学』, 柴田書店, 2011

鈴木徹/監修,『冷凍博士の「冷凍・解凍」便利帳』, PHP研究所, 2011

佐藤銀平, 藤嶋昭/著, 井上晴夫/監修,『家電製品がわかるⅠ』『同Ⅱ』, 東京書籍, 2008

向坊隆, 青木昌治, 関根泰次/著,『エネルギー論』, 岩波書店, 1976

電気学会/編,『電気工学ハンドブック』, オーム社, 2001

梶川武信/監修,『熱電変換ハンドブック』, エス・ティー・エス, 2008

梶川武信, 佐野精二郎, 守本純/編,『新版 熱電変換システム技術総覧』, サイペック, 2004

梶川武信/著,『エネルギー工学入門』, 裳華房, 2006

本間琢也, 牛山泉, 梶川武信/著,『「再生可能エネルギー」のキホン』, SBクリエイティブ, 2012

MEMO

하루 한 권, 생활 속 열 과학

초판인쇄 2023년 07월 31일
초판발행 2023년 07월 31일

지은이 가지카와 다케노부
옮긴이 김현정
발행인 채종준

출판총괄 박능원
국제업무 채보라
책임편집 조지원 · 김혜빈
마케팅 문선영 · 전예리
전자책 정담자리

브랜드 드루
주소 경기도 파주시 회동길 230 (문발동)
투고문의 ksibook13@kstudy.com

발행처 한국학술정보(주)
출판신고 2003년 9월 25일 제406-2003-000012호
인쇄 북토리

ISBN 979-11-6983-481-0 04400
979-11-6983-178-9 (세트)

드루는 한국학술정보(주)의 지식 · 교양도서 출판 브랜드입니다.
세상의 모든 지식을 두루두루 모아 독자에게 내보인다는 뜻을 담았습니다.
지적인 호기심을 해결하고 생각에 깊이를 더할 수 있도록, 보다 가치 있는 책을 만들고자 합니다.